BIM应用系列教程

Revit建筑建模基础与应用

杨文生　朱溢镕　何永强　主编

U0205546

化学工业出版社

·北京·

内 容 简 介

《Revit 建筑建模基础与应用》为 BIM 应用系列教程之一，以《BIM 算量一图一练》中的案例为本书的精讲及实战案例，基于 BIM-Revit 建筑建模基础与应用进行编写。

本书通过员工宿舍楼案例工程，借助 Revit 建筑软件对案例建筑、结构模型的设计及翻模原理过程进行精细化讲解。一方面，给 BIM 工程师提供一个建模样例，指导读者掌握 BIM 土建建模的方法、流程；另一方面，详细分析了工程项目基于 BIM 模型的后阶段 BIM 应用。通过员工宿舍楼案例工程，以阶段任务场景化的实战引导模式，以独立的案例帮助读者进一步掌握 BIM 建模基础实践应用。本书还系统地分析了 BIM 是什么、干什么以及未来的趋势，对当前行业应用现状、BIM 技术实施的难题等进行了深入的剖析。

本书适合作为高校建筑类相关专业教材，也可以作为培训机构、BIM 建模人员的培训和自学用书。

图书在版编目（CIP）数据

Revit 建筑建模基础与应用/杨文生，朱溢镕，何永强主编. --北京：化学工业出版社，2021.10
BIM 应用系列教程
ISBN 978-7-122-39748-5

Ⅰ.①R… Ⅱ.①杨… ②朱… ③何… Ⅲ.①建筑设计-计算机辅助设计-应用软件-高等学校-教材 Ⅳ.①TU201.4

中国版本图书馆 CIP 数据核字（2021）第 165686 号

责任编辑：吕佳丽 邢启壮　　　　　装帧设计：王晓宇
责任校对：张雨彤

出版发行：化学工业出版社（北京市东城区青年湖南街 13 号　邮政编码 100011）
印　　刷：北京京华铭诚工贸有限公司
装　　订：三河市振勇印装有限公司
787mm×1092mm　1/16　印张 12¾　字数 313 千字　2022 年 4 月北京第 1 版第 1 次印刷

购书咨询：010-64518888　　　　　售后服务：010-64518899
网　　址：http://www.cip.com.cn
凡购买本书，如有缺损质量问题，本社销售中心负责调换。

定　　价：39.00 元　　　　　　　　　　　　　　　版权所有　违者必究

编审委员会名单

编写人员名单

主　编	杨文生	北京交通职业技术学院
	朱溢镕	广联达工程教育
	何永强	广联达工程教育
副主编	张西平	武昌工学院
	王文利	湖北工业大学工程技术学院
	温晓慧	青岛理工大学
参　编	（排名不分先后）	
	吴正文	安徽建筑大学
	殷许鹏	河南城建学院
	刘　强	四川攀枝花学院
	王　莉	商丘工学院
	王　领	河南财政金融学院
	张士彩	石家庄铁道大学四方学院
	赵玉强	齐鲁理工学院
	张永锋	吉林电子信息技术学院
	冯　卡	北京交通职业技术学院
	樊　磊	河南应用技术职业学院
	熊　燕	江西现代职业技术学院
	蒋吉鹏	广东水利电力职业技术学院
	刘　萌	山东商务职业学院
	陈荣平	江苏联合职业技术学院东台分院
	石知康	宾谷（杭州）教育科技有限公司
	樊　娟	黄河建工集团有限公司
	应春颖	广联达 BIM 中心

前　言

　　二十多年前，由于 CAD 技术的快速普及，一场轰轰烈烈的"甩图板"运动在工程界悄然兴起，随着其应用的深入及普及，CAD 技术被认为是推动建筑工程界的第一次信息化革命。今天，BIM 技术的应用已势不可挡，工程项目描述正从二维概念向三维模型实时呈现转变，BIM 应用范围也在不断扩大及深入，BIM 技术贯穿于建筑全生命周期，涵盖从兴建过程到营运过程以及最终的拆除过程。至此，BIM 技术可以说是推动建筑工程界的第二次信息化革命。

　　BIM（Building Information Modeling）——建筑信息模型，是以建筑工程项目的各项相关信息数据作为模型的基础，进行建筑模型的建立，通过数字信息仿真模拟建筑物所具有的真实信息。建筑信息的数据在 BIM 模型中的存储，主要以各种数字技术为依托，从而以这个数字信息模型作为各个建筑项目的基础，去进行相关工作。在建筑工程的整个生命周期中，建筑信息模型可以实现集成管理，因此这一模型既包括建筑物的信息模型，同时又包括建筑工程管理行为的模型。综上所述，BIM 模型为 BIM 技术项目实施的基础载体。本书主要围绕 BIM 模型的设计及应用进行展开，是 BIM 技术入门的基础应用教程。

　　《Revit 建筑建模基础与应用》是基于 BIM-Revit 建筑建模基础与应用进行任务情景模式设计的，依托于《BIM 算量一图一练》案例工程项目，围绕 BIM 概述、BIM 建模、Revit 模型拓展应用三部分展开编写。通过员工宿舍楼案例工程，借助 Revit 建筑软件对案例建筑、结构模型的设计及翻模原理过程进行精细化讲解。一方面，给 BIM 工程师提供一个建模样例，指导读者掌握 BIM 土建建模的方法、流程；另一方面，详细分析了工程项目基于 BIM 模型的后阶段 BIM 应用。通过员工宿舍楼案例工程，以阶段任务场景化的实战引导模式，以独立的案例帮助读者进一步掌握 BIM 建模基础实践应用。本书还系统地分析了 BIM 是什么、干什么以及未来的趋势，对当前行业应用现状、BIM 技术实施的难题等进行了深入的剖析。

　　本书为"BIM 应用系列教程"中的建模分册，配套图纸为《BIM 算量一图一练》（读者可以单独购买），主要针对高等院校建筑类相关专业建筑识图、建筑工程建模与制图及 BIM 建模基础应用等课程学习使用，可以作为高等院校土木工程、施工技术、工程管理、造价管理、房地产经营管理、审计、公共事业管理、资产评估等专业的 BIM 教材，同时也可以作为建设单位、施工单位、设计及监理单位等单位 BIM 工程师 BIM 建模及入门学习的参考资料。

　　教材提供有配套的授课 PPT、电子图纸等电子授课资料包，授课老师可以从化工教育平台（www.cipedu.com.cn）下载。

　　由于编者水平有限，书中难免有不足之处，恳请广大读者批评指正，以便及时修订与完善。

编者

2021 年 12 月

目 录

第1篇　BIM 概述

第2篇　BIM 建模

第 3 篇　Revit 模型拓展应用

BIM概述

1

BIM基础认知

1.1 未来建筑的生产情景

在当今社会，随着科技和社会的进步，传统建筑的居住已无法满足人们日益增长的需求，人们对于建筑环境的要求也在逐步提升，不仅要求建筑能够满足基本使用需求，而且更加追求生活居住和使用的品质，逐渐从房子标准化向追求定制化和个性化转变。伴随着人们追求自由的个性发展和高科技手段的日益成熟，未来建筑将结合"绿色""环保""智能化""数字化"等元素，推崇"以人为本"的理念，呈现多元化及数字化的发展态势。

（1）建筑智能化 智能建筑指通过将建筑物的结构、系统、服务和管理根据用户的需求进行最优化组合，从而为用户提供一个高效、舒适、便利的人性化建筑环境。智能建筑是集现代科学技术之大成的产物。其技术基础主要由现代建筑技术、现代电脑技术、现代通信技术和现代控制技术所组成。

智能建筑的发展过程中，必然有智能控制技术和智能建筑材料的支撑。智能控制技术（如家居智能控制）与传统控制技术相比，能以知识表示的非数学广义模型和以数学表示的混合控制过程为基础，采用开闭环控制和定性及定量控制结合的多模态控制方式达到控制目的，同时具有变结构特点，能从总体上自寻优点，具有自适应、自组织、自学习和自协调能力，可以进行补偿及自我修复，并判断决策。智能建筑的发展离不开智能建材，智能建材是除作为建筑结构外，还具有其他一种或数种功能的建筑材料，如一些智能建材具有呼吸功能，可自动吸收和释放热量、水蒸气，能够调节智能建筑的温度和湿度。

基于物联网技术、人工智能及大数据等高科技手段的发展，今后建筑智能化将围绕保护环境、节省资源、降低能耗展开。建筑智能化的发展将为生态、节能等在各种类型现代建筑中应用提供技术支持，实现生态建筑与智能建筑相结合。建筑智能化是以建筑为平台，兼备建筑设备、办公自动化及通信网络系统，集结构、系统、服务、管理及它们之间的最优组合为一体，向人们提供一个安全、高效、舒适、便利的建筑环境。

（2）走绿色建筑的道路 绿色建筑指在建筑的全寿命周期内，最大限度地节约资源，包括节能、节地、节水、节材等，保护环境和减少污染，为人们提供健康、舒适和高效的使用空间，实现与自然和谐共生的建筑物。绿色建筑技术注重低耗、高效、经济、环保、集成与优化，达到人与自然、现在与未来之间的利益共享，是可持续发展的建设手段。

（3）建筑数字化 数字建筑指基于 BIM 技术和云计算、大数据、物联网、移动互联网、人工智能等信息技术引领产业转型升级的业务战略，它结合先进的精益建造理论方法，集成人员、流程、数据、技术和业务系统，实现建筑的全过程、全要素、全参与方的数字化、在线化、智能化，从而构建项目、企业和产业的平台生态新体系。在一定程度上推动着产业升级转型，成功实现建筑项目的生产目标。

未来建筑将伴随着各种高科技手段及思想理念，引领着建筑走智能化、绿色化和数字化的道路。可以展望的是，未来建筑将为人们提供一种更好的居住环境，满足更高的生活品质。

1.2　现阶段建筑业存在的问题

近年来建筑市场高速发展，但同时也带来了一系列的问题，特别在当前经济形势变化大的背景下，建筑市场内的不确定因素和风险也增多，常见的问题有以下几类：

（1）企业管理制度混乱，缺少高复合型人才。

（2）思想传统封闭，技术创新实施难。

（3）融资能力较弱。

（4）发包混乱，肢解分包严重。

（5）工程总承包能力差。

（6）综合管理水平不高。

（7）品牌管理不够重视。

1.3　BIM的基础介绍

1.3.1　BIM的由来

BIM是"建筑信息模型（Building Information Modeling）"的简称，这项技术被称为"革命性"的技术，是1975年由"BIM之父"——乔治亚理工大学的Chuck Eastman教授创建的。他提出建筑信息模型包含了不同专业的所有的信息、功能要求和性能，可以把一个工程项目的所有的信息包括在设计过程、施工过程、运营管理过程的信息全部整合到一个建筑模型中。BIM技术的研究经历了三大阶段：萌芽阶段、产生阶段和发展阶段。BIM理念的产生受到了1973年全球石油危机的影响，该危机致使美国全行业需要考虑提高行业效益的问题。2002年，Autodesk收购三维建模软件公司Revit Technology，首次将Building Information Modeling的首字母连起来使用，成为了今天众所周知的"BIM"。BIM技术在建筑行业广泛应用，通过引入BIM技术，便于实现建筑工程的可视化和量化分析，提高工程建设效率。值得一提的是，与BIM类似的理念同期在制造业也被提出，在20世纪90年代业已实现，推动了制造业的科技进步和生产力提高，塑造了制造业强有力的竞争力。

1.3.2　BIM的定义

在《建筑信息模型应用统一标准》（GB/T 51212—2016）中，将BIM定义如下：建筑信息模型［Building Information Modeling（BIM）］，是指在建设工程及设施全生命期内，对其物理和功能特性进行数字化表达，并依此设计、施工、运营的过程和结果的总称，简称模型。

　　BIM 技术是一种应用于工程设计、建造、管理的数据化工具，通过对建筑的数据化、信息化模型整合，在项目策划、运行和维护的全生命周期过程中进行共享和传递，使工程技术人员对各种建筑信息作出正确理解和高效应对，为设计团队以及包括建筑、运营单位在内的各方建设主体提供协同工作的基础，在提高生产效率、节约成本和缩短工期方面发挥重要作用。

　　BIM 的定义可总结为以下四点：

　　（1）BIM 是一个建筑设施物理和功能特性的数字表达，是工程项目设施实体和功能特性的完整描述。它基于三维几何数据模型，集成了建筑设施其他相关物理信息、功能要求和性能要求等参数化信息，并通过开放式标准实现信息的互用。

　　（2）BIM 是一个共享的知识资源，实现建筑全生命周期信息共享。基于这个共享的数字模型，工程的规划、设计、施工、运维各个阶段的相关人员都能从中获取他们所需的数据，这些数据是连续、即时、可靠、一致的，为该建筑从概念到拆除的全生命周期中所有工作和决策提供可靠依据。

　　（3）BIM 是一种应用于设计、建造、运营的数字化管理方法和协同工作过程。这种方法支持建筑工程的集成管理环境，可以使建筑工程在其整个进程中显著提高效率、大量减少风险。

　　（4）BIM 也是一种信息化技术，它的应用需要信息化软件支撑。在项目的不同阶段，不同利益相关方通过 BIM 软件在 BIM 模型中提取、应用、更新相关信息，并将修改后的信息赋予 BIM 模型，支持和反映各自职责的协同作业，以提高设计、建造和运行的效率及水平。

1.3.3　BIM 的特点

BIM 具有以下五个特点：

（1）可视化。

（2）协调性。

（3）模拟性。

（4）优化性。

（5）可出图性。

第2章

认识BIM发展

2.1 国家及地方政府对 BIM 技术发展的政策支持

（1）国家政策的支持 BIM 的发展趋势备受关注，国家也陆续出台了相关政策支持 BIM 应用的发展。住建部在 2011 年、2013～2016 年分别发布了《2011～2015 年建筑业信息化发展纲要》《关于征求关于推荐 BIM 技术在建筑领域应用的指导意见（征求意见稿）意见的函》《关于推进建筑业发展和改革的若干意见》《关于印发推进建筑信息模型应用指导意见》《2016～2020 年建筑业信息化发展纲要》。

《2016～2020 年建筑业信息化发展纲要》指出，需全面提高信息化水平，增强 BIM、大数据、智能化、移动通信、云计算、物联网等信息技术集成的应用能力，建筑行业数字化、网络化、智能化取得突破性进展，初步建成一体化行业监管和服务平台。

（2）国家发布的标准 2012 年，住建部印发《关于印发 2012 年工程建设标准规范制定修订计划的通知》，将《建设工程信息模型应用统一标准》《建筑工程信息模型存储标准》《建筑工程设计信息模型交付标准》《建筑工程设计信息模型分类和编码标准》《制造工业工程设计信息模型应用标准》5 项 BIM 标准列为国家标准制定项目，其中《建筑信息模型应用统一标准》（GB/T 51212—2016），2016 年 12 月发布，自 2017 年 7 月 1 日起实施。

2017 年 3 月《建筑信息模型设计交付标准》（GB/T 51301—2018）通过审查。《建筑信息模型施工应用标准》（GB/T 51235—2017），2017 年 5 月发布，自 2018 年 1 月 1 日起实施。《建筑信息模型分类和编码标准》（GB/T 51269—2017），2017 年 11 月发布，自 2018 年 5 月 1 日实施。

2.2 BIM 的发展阶段及趋势

2.2.1 BIM 的发展阶段

在我国，建筑施工行业飞速发展，技术水平及管理水平也不断进步，但建筑业整体的低效率、高浪费等现象依然严重，已引起行业的重视，因此，建筑业对新技术不断进行研究。20 世纪末通过引入 IFC 标准，我国逐渐开始接触 BIM 的理念与技术。近几年，在政府、行业协会、建筑业企业、软件企业等各方共同参与和大力推动下，BIM 技术及其价值在我国得到了广泛的认识，并逐渐深入应用到工程建设项目中，不仅包括了规模大、设计复杂的标志建筑，也包括了普遍常见的中小型一般建筑。总的来讲，BIM技术在我国的发展经历了概念导入、理论研究与初步应用、快速发展及深度应用三个阶段，如图2-1所示。

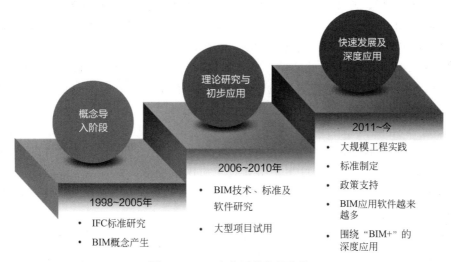

图2-1　BIM在我国的发展阶段

（1）概念导入阶段　本阶段是从1998～2005年。在理论研究上，本阶段主要是针对IFC标准的引入，并基于IFC标准进行一些研究工作。IFC（Industry Foundation Classes，工业基础类）标准是开放的建筑产品数据表达与交换的国际标准，是由国际组织IAI（International Alliance for Interoperability，国际互操作联盟）制定并维护，该组织目前已改名为building SMART International。IFC标准可被应用在勘察、设计、施工到运维的工程项目全生命周期中。

1998年，我国行业研究人员开始接触和研究IFC标准。2000年，IAI开始与我国政府有关部门、科研组织进行接触，我国开始全面了解并研究IFC标准应用等问题。2002年11月，建设部科技司主办、中国建筑科学研究院承办了"IFC标准技术研讨会"，同时也针对IFC标准展开一些研究性工作，例如国家863计划项目提出"数字社区信息表达与交换标准"，基于IFC标准制定了一个计算机可识别的社区数据表达与交换的标准，提供社区信息的表达以及可使社区信息进行交换的必要机制和定义。在"十五"科技攻关项目中，包括有"基于国际标准IFC的建筑设计及施工管理系统研究"课题，课题产生了"工业基础类平台规范"国家标准，以及"基于IFC标准的建筑结构CAD软件系统"和"基于IFC的建筑工程4D施工管理系统"等成果。总之，本阶段主要是通过对IFC标准的研究，探索IFC标准实际工程的应用问题，并结合我国建筑行业的实际情况进行必要扩充。

（2）理论研究与初步应用阶段　本阶段是从2006～2010年。在该阶段，BIM的概念逐步得到大家的认知与普及，科研机构针对BIM技术开始理论研究工作，并开始应用BIM技术到实际工程项目，但主要聚焦在设计阶段。

（3）快速发展及深度应用阶段　自2011年之后，BIM技术在我国得到了快速的发展，无论从国家政策支持，还是理论研究方面都得到了高度的重视，特别是在工程项目上得到了广泛的应用，在此基础上，BIM技术不断地向更深层次应用转化。

2.2.2　BIM 的发展趋势

随着 BIM 技术的发展和完善，BIM 的应用还将不断扩展，BIM 将会永久性地改变项目规划、设计、招投标、施工和运维管理方式。在我国，BIM 技术的发展已经先后经历BIM1.0 阶段和 BIM2.0 阶段。BIM1.0 阶段以设计阶段应用为主，以设计院为先锋用户，重点关注 BIM 建模的模型设计与搭建。BIM2.0 阶段中，BIM 应用从设计阶段向施工阶段延伸，重点探索基于 BIM 模型的应用，承接前期设计模型，聚焦项目层，解决实际问题。随着 BIM 的应用环境不断完善，产品逐步成熟，应用价值逐步显现且愈来愈广，BIM 应用正在进入到 BIM3.0 阶段。

BIM3.0 阶段是以施工阶段应用为核心，BIM 技术与管理全面融合的拓展应用阶段，它标志着 BIM 应用从理性走向攀升阶段。在 BIM3.0 阶段下，BIM 技术将会得到更深入的应用，体现出更高的价值。在此阶段下，BIM 技术应用呈现出从施工技术管理应用向施工全面管理应用拓展、从项目现场管理向施工企业经营管理延伸、从施工阶段应用向建筑全生命期辐射的三大典型特征。

（1）从施工技术管理应用向施工全面管理应用拓展：BIM 技术有着先天的"协同"优势，通过将这一技术与全面管理融合，传统的沟通方式、工作习惯、协作方式都会发生变化。在 BIM3.0 时代，BIM 技术不再单纯地应用在技术管理方面，而是深入应用到项目各方面的管理，除技术管理外，还包括生产管理和商务管理，同时也包括项目的普及应用以及与管理层面的全面融合应用。

（2）从项目现场管理向施工企业经营管理延伸：企业通过应用 BIM 技术，可实现企业与项目基于统一的 BIM 模型进行技术、商务、生产数据的统一共享与业务协同；保证项目数据口径统一和及时准确，可实现公司与项目的高效协作，提高公司对项目的标准化、精细化、集约化管理能力。

（3）从施工阶段应用向建筑全生命期辐射：BIM 作为载体，能够将项目在全生命期内的工程信息、管理信息和资源信息集成在统一模型中，打通设计、施工、运维阶段分块割裂的业务，解决数据无法共享的问题，实现一体化、全生命期应用。

在 BIM3.0 阶段，BIM 技术不应仅是建模的工具，BIM 的最大价值在于管理，要通过对大数据的有效管理，从战略层面促进建筑企业应用 BIM 技术及数字化完成转型，利用信息化技术走在行业的前沿。

2.3　BIM 从业人员职业规划

随着 BIM 的发展，行业内也出现了众多 BIM 相关岗位。而对于 BIM 工程师的岗位发展定义也出现了很多不同的概念，以下根据应用领域和应用程度两个方面进行分类说明。

（1）根据应用领域划分　根据应用领域的不同，可将 BIM 工程师岗位主要分为 BIM 标准管理类、BIM 工具研发类、BIM 工程应用类及 BIM 教育类等，如图 2-2 所示。

1）BIM 标准管理类：岗位人员为主要负责 BIM 标准研究管理的相关工作人员，可分为BIM 基础理论研究人员及 BIM 标准研究人员等。

2）BIM 工具研发类：岗位人员为主要负责 BIM 工具及产品的设计开发工作人员，可分为 BIM 产品设计人员及 BIM 软件开发人员等。

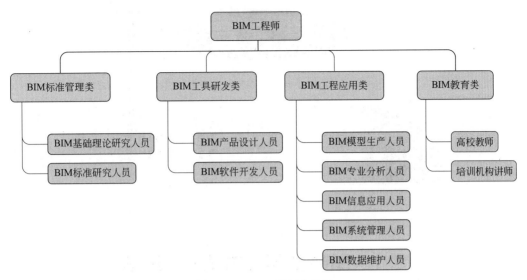

图 2-2　BIM 工程师分类图

3）BIM 工程应用类：岗位人员为应用 BIM 支持和完成建设工程全生命周期过程中各种专业任务的专业人员，包括业主和开发商在内的设计、施工、成本、采购、营销等管理人员；设计机构里面的建筑、结构、给排水、暖通空调、电气、消防、技术经济等设计人员；施工企业里面的项目管理、施工计划、施工技术、工程造价人员；物业运维机构里面的运营、维护人员；各类相关组织里面的专业 BIM 应用人员等。BIM 工程应用类又可分为 BIM 模型生产人员、BIM 专业分析人员、BIM 信息应用人员、BIM 系统管理人员、BIM 数据维护人员等。

4）BIM 教育类：岗位人员为在高校或培训机构从事 BIM 教育及培训工作的相关人员，主要可分为高校教师及培训机构讲师等。

（2）根据应用程度划分　根据 BIM 应用程度可将 BIM 工程师主要分为 BIM 操作人员、BIM 技术主管、BIM 项目经理、BIM 战略总监等。

1）BIM 操作人员：岗位人员为进行实际 BIM 建模及初步分析人员，属于 BIM 工程师职业发展的初级阶段。

2）BIM 技术主管：岗位人员为在 BIM 项目实施过程中负责技术指导、技术管控及监督人员，属于 BIM 工程师职业发展的中级阶段。

3）BIM 项目经理：岗位人员为负责 BIM 项目实施管理人员，负责整个项目 BIM 应用的实施管控，属于项目级的职位，是 BIM 工程师职业发展的高级阶段。

4）BIM 战略总监：岗位人员为负责 BIM 发展及应用战略制定人员，属于企业级的职位，可以是部门或专业级的 BIM 专业应用人才或企业各类技术主管等，是 BIM 工程师职业发展的高级阶段。

第 3 章

导　学

3.1　BIM 的学习方法——理论

　　BIM 的学习是循序渐进的过程，很多人认为学习 BIM 就是学习软件工具，做模型生产就是 BIM，这样的观点是极其狭隘的。对于 BIM，初学者不知如何学起，更不清晰如何下手，在刚开始接触 BIM 的阶段，建议先从 BIM 理论开始接触，了解 BIM 的原理、概述、发展过程、价值以及 BIM 人才需要具备的能力等方面内容，对 BIM 有一个基本的了解，对个人 BIM 的学习路线进行规划，后续要走哪种岗位模式的发展路线，对应岗位匹配的能力都有哪些，这是需要学员进行思考的重点。

　　对于 BIM 理论的学习，建议可以通过学习本书第 1 章及第 2 章的知识内容，对 BIM 有一个基本的了解之后，思考学习与发展的方向。如果需要对 BIM 有更深理论的学习，建议可以通过阅读 BIM 概论、BIM 发展报告等相关书籍，也可以通过查阅 BIM 相关网络资源查找各类 BIM 资料进行阅读，丰富自身的 BIM 基础业务知识，为后期 BIM 工具的学习与应用奠定良好的基础。

3.2　BIM 的学习方法——软件

　　BIM 技术强调的是对建筑全生命周期各阶段数据的收集、整合、分析以及应用，但这些应用价值都是基于 BIM 工具软件基础之上的。当然，BIM 的应用绝不只是处于一个阶段，也绝不是只用具体哪一个软件或哪一类软件，BIM 技术的应用可涵盖建筑全生命周期，前期规划、设计阶段、招投标阶段、施工阶段、运维阶段均可涉及 BIM 技术的应用。同时 BIM 技术的应用可以通过很多不同类型的工具软件进行体现，包括规划分析类、设计类、招投标类、施工管理类、运维应用类等不同的 BIM 应用软件。BIM 软件的应用非常广泛，在工程项目的 BIM 实施中会涉及许多相关软件，其中最基础、最核心的是 BIM 建模软件。建模软件是 BIM 实施中最重要的资源和应用条件，无论是项目型 BIM 应用还是企业 BIM 实施，选择好 BIM 建模软件都是第一步重要工作。学习 BIM 无论走什么样的发展路线，BIM 建模是 BIM 应用的基础，掌握 BIM 建模方法与模型应用必然是走向 BIM 学习之路的起点。如何学好并熟悉建模流程操作，掌握模型的应用价值点与应用方法，是 BIM 初学者应具备的重要能力之一。

以下根据常用的 BIM 建模系列软件、BIM 招投标系列软件、BIM 深化设计系列软件及施工阶段的 BIM 系列软件为例介绍。

（1）BIM 建模系列软件　BIM 建模软件主要是模型设计工具软件，其主要目的是进行三维模型设计，所生成的模型是后续 BIM 应用的基础。在传统二维设计中，建筑的平面图、立面图、剖面图是分开进行设计的，往往存在设计尺寸不一致的情况。同时，其设计结果是 CAD 中的线条，计算机无法进行进一步的处理。三维设计软件改变了这种情况，通过三维技术确保只存在一份模型，平、立、剖都是三维模型的视图，解决了平面图、立面图、剖面图不一致问题。同时，其三维构件也可以通过三维数据交换标准被后续 BIM 应用软件所应用。

BIM 建模软件具有以下特征：

1）基于三维图形技术，支持对三维实体进行创建和编辑。

2）支持常见构件库。BIM 基础软件包含梁、墙、板、柱、楼梯等建筑构件，用户可以应用这些内置构件库进行快速建模。

3）支持三维数据交换标准。BIM 基础软件建立的三维模型，可以通过 IFC 等标准输出，为其他 BIM 应用软件使用。

常见的建模系列软件包括 Autodesk 公司的 Revit、Bentley 公司的 Bentley Architecture、GraphiSoft 公司的 ArchiCAD、Gery Technology 公司的 Digital Project 等软件。

以 Autodesk 公司的 Revit 为例，它是运用不同的代码库及文件结构区别于 AutoCAD 的独立软件平台。Revit 采用全面创新的 BIM 概念，可进行自由形状建模和参数化设计，并且还能够对早期设计进行分析。借助这些功能可以自由绘制草图，快速创建三维形状，交互地处理各个形状。可以利用内置的工具进行复杂形状的概念澄清，为建造和施工准备模型。随着设计的持续推进，软件能够围绕最复杂的形状自动构件参数化框架，提供更高的创建控制能力、精确性和灵活性。从概念模型到施工文档的整个设计流程都在一个直观环境中完成。并且该软件还包含了绿色建筑可扩展标记语言模式（Green Building XML，即 gbXML），为能耗模拟、荷载分析等提供了工程分析工具，并且与结构分析软件 ROBOT、RISA 等具有互用性。与此同时，Revit 还能利用其他概念设计软件、建模软件（如 Sketch-up）等导出的 DXF 文件格式的模型或图纸输出为 BIM 模型。

（2）BIM 招投标系列软件　BIM 在招投标阶段应用的软件主要为 BIM 算量造价的应用，包括建筑、装饰、钢结构、市政、机电安装等各个专业的算量软件，通过建立三维算量模型，快速统计提取工程量，实现高效准确出量的目的。目前基于 BIM 技术的算量软件应用是在中国最早得到规模化应用的 BIM 应用软件，也是最成熟的 BIM 应用软件之一。

在建设项目的招投标过程中，算量工作是招投标阶段最重要的工作之一，采用 BIM 算量软件精确出量对建筑工程建设的投资方及承包方均具有重大意义。在算量软件出现之前，预算员按照当地计价规则进行手工列项，并依据图纸进行工程量统计及计算，工作量很大。人们总结出分区域、分层、分段、分构件类型、分轴线号等多种统计方法，但工程量统计依然效率低下，并且容易发生错误。基于 BIM 技术的算量软件能够自动按照各地清单、定额规则，利用三维图形技术，进行工程量自动统计、扣减计算，并进行报表统计，大幅度提高了预算员的工作效率。

按照技术实现方式区分，基于 BIM 技术的算量软件分为两类：基于独立图形平台的和基于 BIM 基础软件进行二次开发的。这两类软件的操作习惯有较大的区别，但都具有以下特征：

1）基于三维模型进行工程量计算。快速建立三维模型，使用三维的图形算法，可以处理复杂的三维构件的计算。

2）支持按计算规则自动算量。专业的算量软件可以自动处理工程量计算规则。计算规则即各地清单、定额规范中规定的工程量统计规则，计算规则的处理是算量工作中最为烦琐及复杂的内容，目前专业的算量软件一般都比较好地自动处理了计算规则，并且大多内置了各种计算规则库。同时，算量软件一般还提供工程量计算结果的计算表达式反查、与模型对应确认等专业功能，让用户复核计算规则的处理结果，这也是基础的 BIM 应用软件不能提供的。

3）支持三维模型数据交换标准。很多算量软件之前呈封闭使用的特征，包含建立三维模型、进行工程量统计、输出报表等。随着 BIM 技术的日益普及，算量软件可以打通 BIM 数据的承接与传递。导入上游的设计软件建立的三维模型、将所建立三维模型及工程量信息输出到施工阶段的应用软件，进行信息共享以减少重复工作，已经逐步成为人们对算量软件的一个基本要求。

以广联达算量软件为例，主要功能如下：

1）设置工程基本信息及计算规则。计算规则设置分梁、墙、板、柱等建筑构件进行设置。算量软件都内置了全国各地的清单及定额规则库，用户一般情况下可以直接选择地区进行设置规则。

2）建立三维模型。建立三维模型包括手工建模、CAD 识别建模、从 BIM 设计模型导入等多种模式。

3）进行工程量统计及报表输出。实现自动工程量统计，并且预设了报表模板，用户只需要按照模板输出报表。

国内主流的招投标类软件主要分为计价和算量两类软件，其中计价类的软件主要有广联达、鲁班、斯维尔、神机妙算和品茗等公司的产品，由于计价类软件需要遵循各地的定额规范，鲜有国外软件竞争。而国内算量软件有的基于自主开发平台，如广联达算量系列软件；有的基于 AutoCAD 平台，如鲁班算量、神机妙算算量。这些软件均基于三维技术，可以自动处理算量规则，但在与设计类软件及其他类软件的数据接口方面普遍处于起步阶段，大多数属于准 BIM 应用软件范畴。

（3）BIM 深化设计系列软件　深化设计是在建设工程施工过程中，在设计院提供的施工图设计基础上进行详细设计以满足施工要求的设计活动。BIM 技术具备优秀的空间表达能力，能够很好地满足深化设计关注细部设计、精度要求高的特点，基于 BIM 技术的深化设计软件得到越来越多的应用，也是 BIM 技术应用最成功的领域之一。基于 BIM 技术的深化设计软件包括机电深化设计、钢结构深化设计、模板脚手架深化设计、碰撞检查等软件。

1）机电深化设计软件，是在机电施工图的基础上进行二次深化设计，包括安装节点详图、支吊架的设计、设备的基础图、预留孔图、预埋件位置和构造补充设计，以满足实际施工要求。机电深化主要包括专业深化设计与建模、管线综合、多方案比较、设备机房深化设计、预留预埋设计、综合支吊架设计、设备参数复核计算等，其常用的机电深化软件包括 AutoCAD MEP、MagiCAD 等。主要特征包括：基于三维图形技术进行深化建模、可以建立各专业不同类型的设备及构件、进行设备库的维护、支持三维数据交互、支持碰撞检查、绘制出图、支持机电设计校验计算等。

2）钢结构深化设计软件，运用的目的一般包括进行材料的优化、确保设计安全、进行构造优化、通过深化设计进行各类构件优化等。其常用的钢结构深化软件包括 BoCAD、Tekla Structures、STS 钢结构设计软件等。主要特征包括：基于三维图形技术进行深化建模、支持各类构件参数化设计、支持创建节点库、支持三维数据交换标准、绘制出图、进行节点设计等。

3）碰撞检查类软件，是将不同专业的模型集成在同一平台中并进行专业之间的碰撞检查及协调。碰撞检查主要发生在机电的各个专业之间，机电与结构的预留预埋、机电与幕墙、机电与钢筋之间的碰撞也是碰撞检查的重点及难点内容。在传统的碰撞检查中，用户将多个专业的平面图纸叠加，并绘制负责部位的剖面图，判断是否发生碰撞。这种方式效率低下，很难进行完整的检查，往往在设计中遗留大量的多专业碰撞及冲突问题，是造成工程施工过程中返工的主要因素之一。基于 BIM 技术的碰撞检查具有显著的空间能力，可以大幅度提升工作的效率，是 BIM 技术应用中的成功应用点之一。常见的碰撞检查软件包括：Navisworks、广联达 BIM 审图软件、MagiCAD 碰撞检查模块、Revit MEP 碰撞检查功能模块等。主要特征包括：基于三维图形技术进行碰撞检测、支持导入各类三维设计模型、支持设置不同的碰撞规则、具有与设计软件的交互能力等。

（4）施工阶段的 BIM 系列软件 施工阶段的 BIM 系列软件是近年逐步兴起的领域，而且也成为了施工 BIM 管理的核心应用，主要包括施工场地布置、模板脚手架设计软件、钢筋翻样、BIM5D 施工管理等软件。

1）BIM 施工现场布置软件，是基于 BIM 技术进行施工现场平面图的设计。施工场地布置是施工组织设计的重要内容之一，在用地红线内，通过合理划分施工区域，减少各项施工的相互干扰，使得场地布置紧凑合理，运输更加方便，能够满足安全防火、防盗的要求。BIM 施工场地布置是基于 BIM 技术提供内置的构件库进行管理，用户可以用这些构件进行快速建模，并且可以进行分析及用料统计。常用的 BIM 施工现场布置软件包括：广联达 BIM 施工场布软件、斯维尔平面图制作系统、PKPM 三维现场平面图软件等。主要特征包括：基于三维建模技术体现场地临时模型的各类信息、提供内置及可扩展的临时构件库、支持三维数据交互、支持布置规范合理性检查等。

2）BIM 模板脚手架设计软件，是基于 BIM 技术进行模架布置及安全荷载计算等。模板脚手架的设计是施工项目重要的周转性施工措施。因为模板脚手架设计的细节繁多，一般施工单位难以进行精细设计。基于 BIM 技术的模板脚手架软件在三维图形技术基础上，进行模板脚手架高效设计及验算，提供准确用量统计，与传统方式相比，大幅度提高了工作效率。常用的 BIM 模架设计软件包括：广联达模板脚手架设计软件、PKPM 模板脚手架设计软件、恒智天成安全设施软件等。主要特征包括：基于三维图形技术进行模板及脚手架的布置计算、支持三维数据交互、支持模板及脚手架安全荷载计算、支持材料统计、可出施工图等。

3）BIM 钢筋翻样软件，是利用 BIM 技术，利用平法对钢筋进行精细布置及优化，帮助用户进行翻样的软件，能够显著提高翻样人员的工作效率，逐步得到推广应用。常用的 BIM 翻样软件包括：广联达施工翻样软件、鲁班钢筋软件等。主要特征包括：支持三维数据交互、支持建立钢筋结构模型、支持钢筋平法规范、支持钢筋优化断料、支持料表输出等。

4）BIM5D 施工管理软件，是利用 BIM 技术，以 BIM 平台作为核心，关联结构、土建、装饰、安装等各专业模型、场地模型、机械措施模型，以模型作为载体，关联施工过程中涉及的进度、质量、安全、物料、成本、图纸、合同等信息数据，为项目的质量、进度、成本管控、物料管理等提供数据支撑，协助管理人员有效决策和精细管理，从而达到减少施工变更、缩短工期、控制成本、提升质量的目的。常见的 BIM5D 施工管理软件包括：广联达 BIM5D 软件、易达 5D-BIM 软件、国外的 Sychro 软件等。主要特征包括：支持施工流水段及工作面的划分、支持关联进度计划进行进度管理、支持关联预算文件进行成本管理、支持施工模拟、支持质量安全数据的跟踪及分析、支持砌体排砖、支持合约规划等。

本书将围绕 Revit 软件的土建基础建模进行流程及操作应用讲解，旨在帮助初学者掌握 BIM 建模的基本流程与方法，熟悉土建建模各类构件的绘制要点，以及了解模型的后期应用价值，使读者初具 BIM 建模及应用的核心能力，打好 BIM 学习之路的基础。

BIM建模

2

第4章

BIM建模环境准备与介绍

4.1 Revit 常用术语介绍

在学习 Revit 软件之前，作为初学者，首先要了解 Revit 的基本术语。

一般来说 Revit 常用的文件格式包括以下四类：rvt 格式、rte 格式、rfa 格式、rft 格式。rvt 格式为项目文件格式，即建模工程案例常用的保存格式；rte 为项目样板格式，即在新建案例时选择的样板文件；rfa 为族文件格式，即在建模过程中用到的各类自建族；rft 为族样板格式，即在建族过程中使用的各类族样板文件。

族是 Revit 软件里非常重要的一项内容，它是建模过程中应用各类构件实现三维模型。族可以根据参数属性集的共用、使用上的相同和图形表示的相似来对图元进行分组。一个族中不同的图元部分或全部属性都可能存在不同的数值，但是属性的设置方法是相同的。比如某一钢制防火门视为一个族，但构成该族的门可能会有不同的尺寸等。

族基本分为三种，包括可载入族、系统族及内建族。可载入族可以载入到项目中，根据族样板进行创建，确定族的属性和表示方法等；系统族包括墙、尺寸标注、天花板、屋顶、楼板和标高等，它们不能作为单个文件载入或创建，在 Revit Architecture 中预定义了系统组的属性设置及图形表示；内建族用于定义在项目的上下文中创建的自定义图元，如果项目需要禁止重用的独特几何图形，或者项目需要的几何图形必须与其他项目几何图形保持众多关系之一，可以使用内建图元。

下面单独对几个常见名词进行解释：

类别：是一组用于对建筑设计进行建模或记录的图元。

类型：每一个族都可以拥有多个类型，类型可以是族的特定尺寸，也可以是样式。

实例：是放置在项目中的实际项（单个图元），它们在建筑（模型实例）或图纸（注释实例）中都有特定的位置。

图元：在创建项目时，可以添加 Revit 参数化建筑图元，Revit Architecture 按照类别、族、类型对图元进行分类。

类别、族、类型的表达关系如图 4-1 所示：

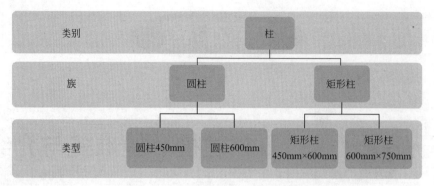

图 4-1　类别、族及类型的表达关系图

4.2　Revit 软件界面介绍

在学习 Revit 功能操作之际，建议先了解熟悉 Revit 的基本界面和模块。

（1）Revit 启动界面　在 Revit 启动界面，可以启动项目文件或族文件，见图 4-2。根据需要选择新建或打开所需的项目或族文件，同时在此界面默认显示最近访问的文件。

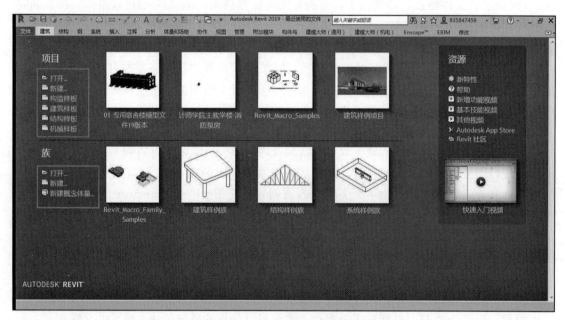

图 4-2　Revit 启动界面

（2）用户界面组成部分　在用户界面组成部分内容模块划分较多，根据常用的模块功能区，划分为以下 15 个区域部分，对应图 4-3 标号位置：①文件选项卡；②快速访问工具栏；③信息中心；④选项栏；⑤类型选择器；⑥属性选项板；⑦项目浏览器；⑧状态栏；⑨视图控制栏；⑩绘图区域；⑪功能区；⑫功能区上的选项卡；⑬功能区上的上下文选项卡；⑭功能区当前选项卡上的工具；⑮功能区上的面板。对应标号位置如图 4-3 所示：

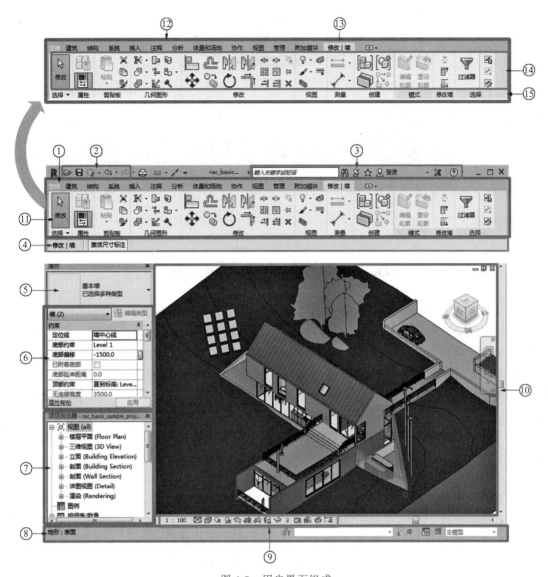

图 4-3 用户界面组成

　　读者可根据需要自行熟悉具体功能区模块和相关内容，在后续操作讲解章节也会逐步涉及，故本章节不再详细赘述。

第5章

BIM建模流程介绍与图纸解读

5.1 BIM 建模流程介绍

在应用 BIM 软件进行建模时，都存在不同的建模流程。本书以 Revit2019 版本土建建模为主线，结合《BIM 算量一图一练》案例中员工宿舍楼案例工程，从常用建模思路角度出发，旨在帮助初学者在接触软件学习时梳理一套建模流程，掌握基于项目的建模技能。建模流程如图 5-1 所示。

（1）新建项目和样板文件　在软件初期建模之前，需要先打开 Revit 软件进行新建项目，同时需要选择对应的项目样板文件，如需新建样板，可根据需求自行建立。

（2）绘制轴网和标高　轴网和标高是对于 BIM 建模必不可缺的两项定位功能。轴网决定平面绘图的定位，而标高决定构件所处不同的空间位置，因此首先确定项目的轴网和标高信息是建模的前提。

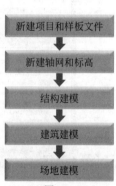

图 5-1

（3）结构建模　BIM 建模过程中，基本都是按照先结构后建筑的思路。在进行结构建模时，按照先地下后地上的绘制顺序进行建模。常见的结构构件一般包括基础构件、结构柱、剪力墙、结构梁、结构板、楼梯等构件，根据结构类型的不同，绘制顺序也不同。本书以框架结构案例进行讲解，结构建模思路按照柱、梁、板、楼梯、二次结构等顺序进行绘制。

（4）建筑建模　BIM 建模过程中，在进行建筑建模时，按照先主体后装饰再零星的思路进行建模。常见的建筑构件一般包括砌体墙、门窗、内外装修、台阶、散水等构件。建筑建模可按照砌体墙、门窗、内装、外装、室外零星等构件顺序进行绘制。

（5）场地建模　BIM 建模过程中，场地布置是一个动态的概念，其包括多个阶段，通常有基础工程施工总平面、主体结构工程施工总平面、装饰工程施工总平面等。同时场地建模也确定工程项目所处地段场地模型的过程。根据工程所在地不同位置的高程信息，可以绘制出符合实际情况的场地情况，同时也可以结合实际绘制建筑地坪及场地类构件，直观形象表达模型周边情景，使之更具模拟性。总体原则以 BIM 实施方案中场地布置具体要求为准。

5.2　结构图纸解读

在进行结构建模之前，建议读者先进行结构施工图的通读，有利于提升结构建模的效率和准确性。本书以员工宿舍楼案例为主线进行讲解，本案例结构施工图纸包括从"结施-01"到"结施-14"共计14张结构图纸，请读者自行阅读浏览，同时在结构建模过程中需重点关注以下图纸信息，具体内容如表5-1所示。

表 5-1　各结构施工图纸具体关注内容

序号	图纸编号	图纸需要关注内容
1	结施-01	了解结构施工图目录，清晰每张图纸的内容表达及对应编号，便于后期对应
2	结施-02	关注工程概况、施工图纸说明、建筑结构分类等级及自然条件说明等
3	结施-03	关注混凝土强度等级及保护层、过梁信息说明、填充墙及构造柱相关说明等
4	结施-04	关注基础说明信息、基础形式、基础尺寸信息及基础标高等内容
5	结施-05	关注基础顶～屋顶柱标高的结构柱平面定位信息及尺寸、配筋表等
6	结施-06	关注 4.170m 标高处结构梁的平面定位、尺寸信息、标高信息
7	结施-07	关注 8.370m 标高处结构梁的平面定位、尺寸信息、标高信息
8	结施-08	关注 12.570m 标高处结构梁的平面定位、尺寸信息、标高信息
9	结施-09	关注坡屋顶梁标高处结构梁的平面定位、尺寸信息、标高信息
10	结施-10	关注 4.170m 标高处结构板的平面定位、板厚信息、标高信息
11	结施-11	关注 8.370m 标高处结构板的平面定位、板厚信息、标高信息
12	结施-12	关注 12.570m 标高处结构板的平面定位、板厚信息、标高信息
13	结施-13	关注坡屋顶标高处屋面板的平面定位、板厚信息、标高信息
14	结施-14	关注楼梯尺寸信息、平面定位信息、梯柱及梯梁尺寸信息、空间定位信息

5.3　建筑图纸解读

在进行建筑建模之前，建议读者先进行建筑施工图的通读，有利于提升建筑建模的效率和准确性。本书以员工宿舍楼案例为主线进行讲解，本案例建筑施工图纸包括从"建施-01"到"建施-11"共计11张建筑图纸，请读者自行阅读浏览，同时在建筑建模过程中需重点关注以下图纸信息，具体内容如表5-2所示。

表 5-2　各建筑施工图纸关注内容

序号	图纸编号	图纸需要关注内容
1	建施-01	了解建筑施工图目录，清晰每张图纸的内容表达及对应编号，便于后期对应
2	建施-02	关注工程概况、设计依据、建筑物定位、设计范围等信息
3	建施-03	关注门窗表、装修做法、工程做法等信息
4	建施-04	了解工程做法，为后期建立符合施工要求的模型做准备
5	建施-05	关注一层内外墙的平面定位、墙厚、标高信息、门窗及楼梯平面定位信息
6	建施-06	关注二层内外墙的平面定位、墙厚、标高信息、门窗及楼梯平面定位信息

序号	图纸编号	图纸需要关注内容
7	建施-07	关注三层内外墙的平面定位、墙厚、标高信息、门窗及楼梯平面定位信息
8	建施-08	关注屋顶平面定位、墙厚、标高信息、屋顶坡度等信息
9	建施-09	关注 1～5 立面标高信息、门窗标高信息、装修、楼梯平面相关信息
10	建施-10	关注 A～D 立面标高信息、门窗标高信息、装修相关信息
11	建施-11	关注 1—1 剖面标高信息、门窗标高信息、装修相关信息

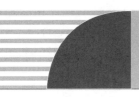

第6章

BIM建模准备

6.1 项目文件的创建

6.1.1 章节概述

本章节主要阐述如何进行建模前期项目文件的创建，读者通过本节内容的学习，重点需要掌握如何进行项目文件的创建及保存，熟悉相关操作，本节学习目标如表 6-1 所示。

表 6-1 项目文件创建的内容及目标

序号	模块体系	内容及目标
1	业务拓展	(1) 项目文件包含了后期建模过程中的所有数据，建立项目文件是建模工作的基础； (2) 找到已提供的"项目模板 2019.rte"文件，以此为基础建立项目文件，保存为 rvt 格式的项目文件
2	任务目标	(1) 完成项目文件的创建； (2) 设置基础单位； (3) 保存工程文件
3	技能目标	(1) 掌握使用"新建"-"项目"命令建立项目文件； (2) 掌握使用"项目单位"命令修改项目文件的基础单位设置； (3) 掌握使用"保存"命令保存项目文件

6.1.2 任务实施

(1) 创建项目文件

1) 打开 Revit2019 软件，点击"文件"菜单，选择新建项目，弹出新建对话框，进行样板文件的设置，点击"浏览"按钮，选择提供的"项目样板 2019"样板文件，选择新建项目后，点击"确定"，完成项目文件的创建以及 Revit 自带样板选择，如图 6-1、图 6-2 所示。

2) 在 Revit 首页中，系统提供了四种基本样板，分别是构造样板、建筑样板、结构样板、机械样板，如图 6-3 所示。读者可根据专业类型选择适当的样板，一般机电专业选择机械样板即可，但样板中不能满足太高的要求，如果对机电模型要求较高，建议单独制作机电样板。

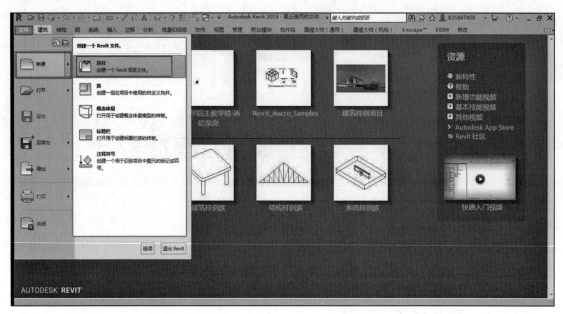

图 6-1

图 6-2

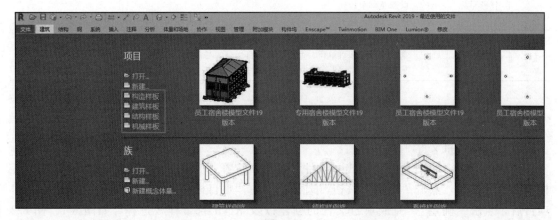

图 6-3

（2）设置基础单位　进入项目主界面后，点击上方"管理"选项卡，单击"设置"面板中的"项目单位"工具，打开"项目单位"窗口，设置当前项目中的"长度"单位为"mm"，"面积"单位为"m^2"，单击"确定"按钮退出"项目单位"窗口，如图 6-4、图 6-5 所示：

图 6-4

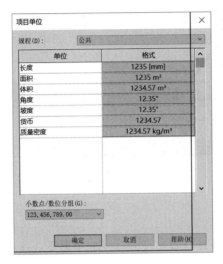

图 6-5

（3）保存项目　保存设置好的项目文件。单击"快速访问栏"中"保存"按钮，弹出"另存为"窗口，指定存放路径，设置文件命名，默认文件类型为".rvt"格式，点击"保存"按钮，关闭窗口。将项目保存为"员工宿舍楼模型文件"，如图 6-6、图 6-7 所示。

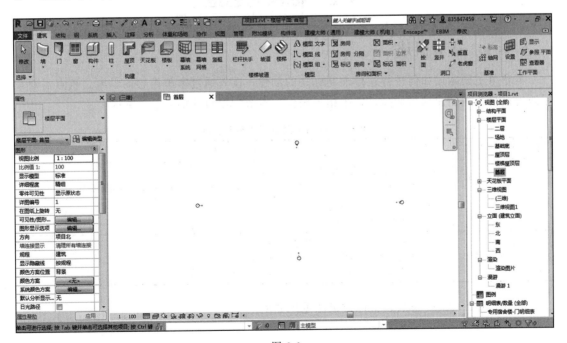

图 6-6

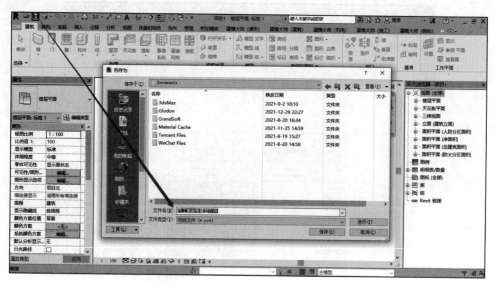

图 6-7

6.1.3 任务总结

（1）注意新建项目时，项目样板文件的选择非常重要，读者可以根据需求自建，也可以选择已有样板文件。

（2）在建模初期，进行项目单位信息的设置有利于项目基础信息的准确统计。

（3）建模过程中，注意随时保存文件，可以采用快速访问工具栏中的保存按钮。

6.2 标高的创建

6.2.1 章节概述

本章节主要阐述如何进行建模前期标高的创建，读者通过本节内容的学习，重点需要掌握如何进行快速创建项目标高，熟悉相关操作，本节学习目标如表 6-2 所示。

表 6-2 标高创建学习内容及目标

序号	模块体系	内容及目标
1	业务拓展	（1）Revit 中标高用于体现各类构件在高度方向上的具体定位； （2）在建模之前，要根据项目层高及标高进行规划，决定按照哪类标高体系创建
2	任务目标	（1）完成项目标高的创建； （2）创建标高对应平面视图
3	技能目标	（1）掌握使用"标高"命令创建标高； （2）掌握使用"复制"命令快速创建标高； （3）掌握使用"平面视图"命令创建标高对应平面视图

本章节完成对应任务后，整体效果图见图 6-8：

16.170　屋顶标高

12.600　F4

8.400　F3

4.200　F2

±0.000　F1
−0.450　室外地坪
−0.750　基础梁顶标高
−2.000　基础底标高

图 6-8

6.2.2　任务实施

（1）打开 Revit2019 软件，需要先调整测量点和项目基点。测量点是项目在世界坐标系中实际测量定位的参考坐标原点，需要和总图专业配合，从总图中获取坐标值。项目基点是项目在用户坐标系中测量定位的相对参考坐标原点，需要根据项目特点确定此点的合理位置。项目的位置是会随着基点的位置变换而变化的，也可以关闭其关联状态，一般以左下角1-1/1-A 的交点轴网的交点为项目基点的位置，所以链接的时候一定是原点到原点的链接。在左下角"项目浏览器"中展开"立面"视图类别，双击任意立面，如"北立面"视图名称，切换到北立面视图，在绘图区域显示项目样板中设置的默认标高基础底标高、基础梁顶标高、室外地坪、F1、F2、F3、F4 与屋顶标高，且基础底标高为−2.000m，基础梁顶标高为−0.750m，室外地坪标高为−0.450m，F1 标高为±0.000，F2 标高为 4.200m，F3标高为 8.400m，F4 标高为 12.600m，屋顶标高为 16.170m，如图 6-9 所示。

（2）修改原有项目标高体系。因根据给定的样板文件进行新建项目，默认存在"标高1""标高 2"两个标高信息，根据结构施工图及建筑施工图信息得知，基础底标高为−2.000m，基础梁顶标高为−0.750m，室外地坪标高为−0.450m，F1 标高为±0.000，F2标高为 4.200m，F3 标高为 8.400m，F4 标高为 12.600m，屋顶标高为 16.170m。点击"标高 1"标高线选择该标高，双击命名为"F1"，同时修改"标高 2"标高为±0.000 和4.200m。如图 6-10 所示。

（3）创建新标高信息。点击上方"建筑"选项卡下的"基准"面板中的"标高"工具，会自动进入到"修改｜放置标高"选项卡。选择"绘制"面板中标高的生成方式为"直线"，确认选项栏中已经勾选"创建平面视图"，设置"偏移量"为"0"，点击选项栏中的"平面视图类型"按钮，打开"平面视图类型"窗口，在视图类型列表中选择"楼层平面"，点击"确定"按钮退出窗口。设置完成后，在绘制标高时会自动生成与标高同名的楼层平面视图。在这里绘制室内基础底标高、基础梁顶标高、室外地坪、F3、F4 与屋顶标高六个新标高。将鼠标移动至标高"F1"下方任意位置，鼠标指针显示为绘制状态，并在指针与标高"F2"间显示临时尺寸标注（临时尺寸的长度单位为 mm）。移动鼠标指针，当指针与标高"F2"端点对齐时，Revit 将捕捉已有标高端点并显示端点对齐蓝色虚线，单击鼠标左键，确定为标高起点，绘制完成后，修改标高名称为"F3"，标高数值改为 8.400m。如图 6-11～图 6-13 所示：

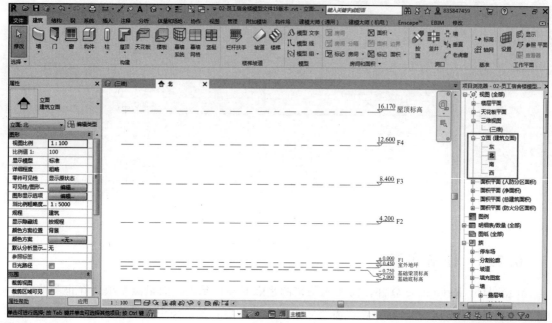

图 6-9

图 6-10

图 6-11

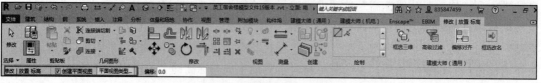

图 6-12

$\overline{}$ 8.400 F3

$\overline{}$ 4.200 F2

$\overline{}$ ±0.000 F1

图 6-13

（4）复制标高。可以点击任意标高线，进入"修改｜标高"选项卡，在"修改"面板中选择"复制"命令，再次点击标高线，向上或向下拖动，弹出临时尺寸标注，直接修改为需要的数值即可。按照复制的方式完成基础底标高－2.000m、基础梁顶标高－0.750m、室外地坪－0.450m、F4 标高 12.600m、屋顶标高 16.170m，如图 6-14、图 6-15 所示。

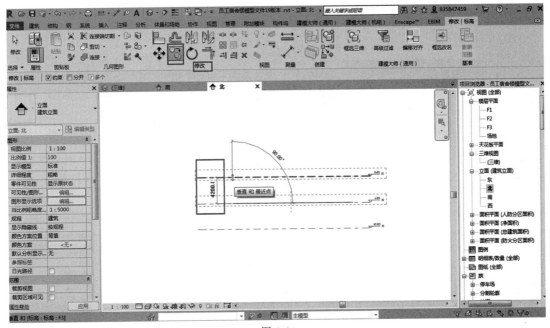

图 6-14

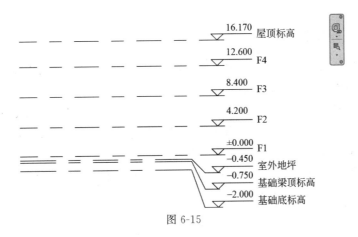

图 6-15

29

（5）手动创建平面视图。如果前期绘制标高过程中，没有勾选创建平面视图，可以在"视图"选项卡中"创建"面板点击"平面视图"下的"楼层平面"，选择新建楼层平面，直接生成对应的楼层平面，在项目浏览器中可以看到其显示生成，如图 6-16、图 6-17 所示。

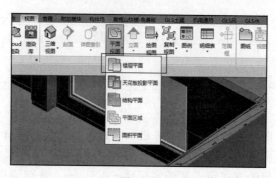

图 6-16

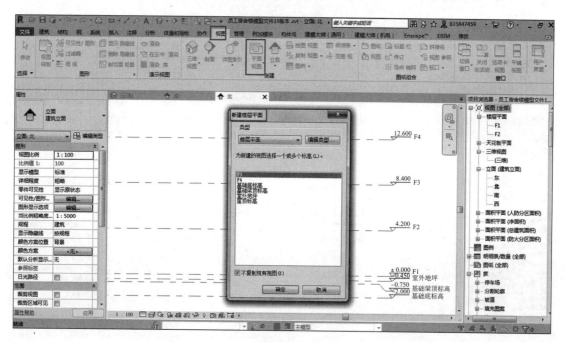

图 6-17

6.2.3　任务总结

（1）注意新建标高时，一定要理清思路，进入立面视图，创建初始标高体系，然后根据项目图纸进行添加修改，完善对应标高。

（2）在建模初期，要考虑所做专业适合哪类标高体系，一般来说，土建专业建议采用结构标高体系创建，而机电专业建议采用建筑标高体系创建，这样便于 Revit 后期与其他 BIM 软件进行协同应用。本书以结构标高体系进行建立。

（3）建模过程中，一定要结合图纸中的标高信息进行建立，当出现有局部构件标高不一致的情况时，建议以本层大多数构件标高为主进行创建。

6.3 轴网的创建

6.3.1 章节概述

本节主要阐述如何进行建模前期轴网的创建，读者通过本节内容的学习，重点需要掌握如何进行快速创建项目轴网，本节学习目标如表 6-3 所示。

表 6-3 轴网创建学习内容及目标

序号	模块体系	内容及目标
1	业务拓展	(1) Revit 中标高用于体现各类构件在平面视图上的具体定位； (2) 在建模之前，要根据项目平面及轴网信息进行规划，找到最全面的轴网信息，一般为首层建筑平面图
2	任务目标	(1) 完成项目轴网的创建； (2) 创建轴网标注信息
3	技能目标	(1) 掌握使用"轴网"命令创建轴网； (2) 掌握使用"复制""阵列"命令快速创建轴网； (3) 掌握使用"对齐"命令快速创建轴网标注

本节完成对应任务后，整体效果图如图 6-18 所示：

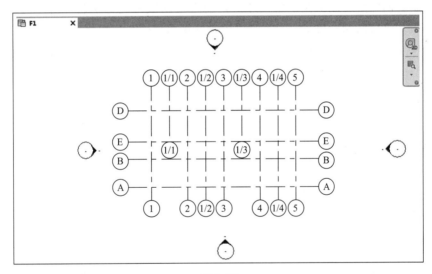

图 6-18

6.3.2 任务实施

(1) 打开 Revit2019 软件，在左下角"项目浏览器"中展开"楼层平面"视图类别，双击"F1"平面，点击上方"建筑"选项卡下的"基准"面板中的"轴网"工具，会自动进入到"修改｜放置轴网"选项卡。选择"绘制"面板中标高的生成方式为"直线"，设置"偏移量"为"0"，如图 6-19 所示。

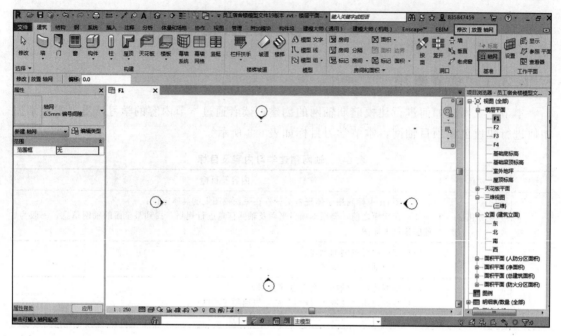

图 6-19

（2）绘制竖向轴线。点击左下角任意点，向上拖动鼠标进行绘制，同时可以按住 shift 键按照正交模式进行绘制，再次点击左键确定轴线结束终点，完成绘制，如图 6-20 所示。

图 6-20

（3）利用复制及阵列快速创建轴线。"复制"功能的利用在标高中已讲解，故不再赘述。"阵列"功能可以一次复制多条轴线，点击绘制出的 1 号轴线，弹出"修改｜轴网"上下文选项卡，点击"修改"面板中的"阵列"工具，进入阵列修改状态，设置选项栏中的阵列方式为"线性"，取消勾选"成组并关联"选项，参照一层平面图，设置项目数为 9，移动到"第二个"，勾选"约束"选项，向右拖动鼠标，输入尺寸 3500，如图 6-21、图 6-22 所示；

（4）创建竖向轴线尺寸标注。点击"注释"选项卡"尺寸标注"面板中的"对齐"工具，鼠标指针依次点击轴线 1 到轴线 5，随鼠标移动出现临时尺寸标注，左键点击空白位置，生成线性尺寸标注。局部轴网如图 6-23 所示：

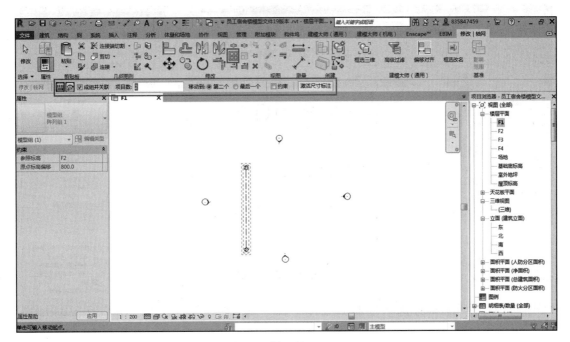

图 6-21

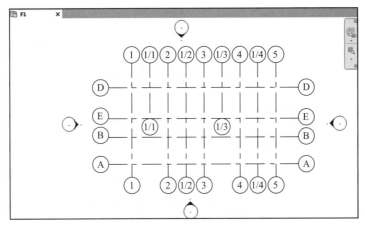

图 6-22

（5）创建水平轴网及尺寸标注信息。创建操作方式同竖向轴网，可以结合"复制""阵列"命令进行快速创建，注意先修改轴号，创建完成后进行对齐标注，其与标高操作方式相同。如图 6-24 所示：

（6）调整轴号显示与轴线长度。可以选择需要调整的轴线，点击选中轴线后，在轴号处有隐藏轴号的对勾选框与调整轴线长度的小圆圈。将矩形框内的对勾去掉后，即可隐藏单侧轴号显示，按住圆框拖动轴线，即可调整轴线长度。根据一层平面图轴网信息，完成调整，局部如图 6-25、图 6-26 所示：

（7）调整绘图区域符号位置。绘图区域符号 表示项目中的东、西、南、北各立面视图的位置。分别选中这四个立面视图符号，将其移动到轴线外侧进行放置，保证立面显示效果正常，至此完成全部轴网的绘制与调整任务。如图 6-27 所示：

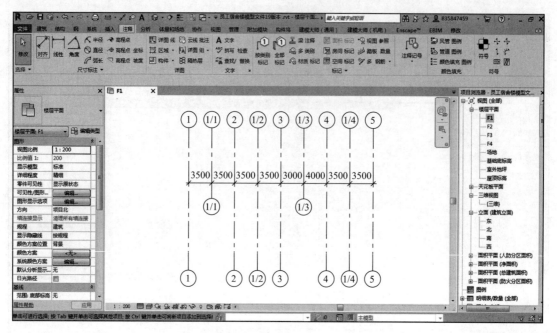

图 6-23

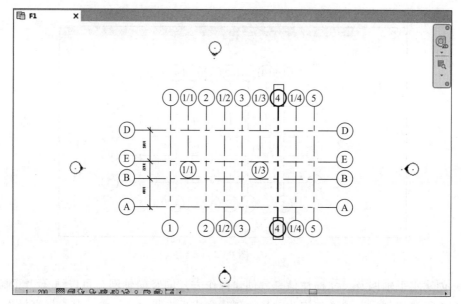

图 6-24

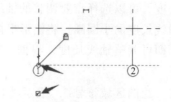

图 6-25

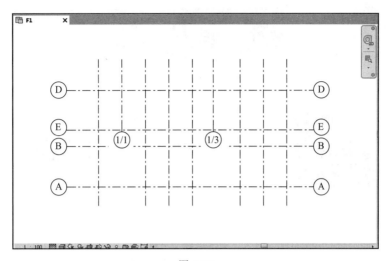

图 6-26

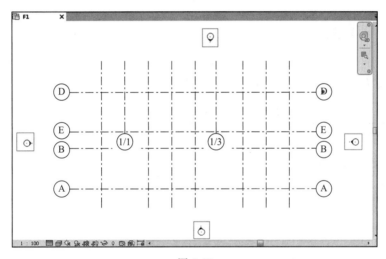

图 6-27

6.3.3 任务总结

（1）注意新建轴网时，一定要理清思路，进入楼层平面视图，创建竖向轴网、水平轴网，然后根据项目图纸信息修改轴号、轴距等。

（2）在绘制轴网过程中，可以利用"复制""阵列"工具快速创建，提高效率。

（3）绘制轴网完成后，注意利用"对齐"工具添加轴距标注信息，也可以利用轴号端点的小圆圈来调整轴头的位置，根据图纸信息调整适宜即可。

BIM结构建模

7.1 基础的创建

7.1.1 章节概述

本节主要阐述如何进行基础构件及基础垫层的创建与绘制，读者通过本节内容的学习，重点需要掌握如何创建并绘制基础及垫层，本节学习目标如表7-1所示。

表7-1 基础创建学习内容及目标

序号	模块体系	内容及目标
1	业务拓展	(1) 基础是将结构受力传递到地基上的结构组成部分，垫层是基础下部不可或缺的部分，起到隔离、找平、保护基础的作用等； (2) 基础形式有多种，一般包括条形基础、筏板基础、条形基础、桩基础等
2	任务目标	(1) 完成条形基础族的创建； (2) 完成本项目所有条形基础和基础垫层的绘制； (3) 对绘制完成的条形基础进行尺寸标注，对基础垫层进行显示
3	技能目标	(1) 掌握使用"创建族"命令创建条形基础族； (2) 掌握使用"移动""复制""阵列"命令快速放置条形基础； (3) 掌握使用"尺寸标注"命令对条形基础进行标注； (4) 掌握使用"结构基础：楼板"命令创建基础垫层，进行绘制； (5) 掌握使用"视图范围"命令显示基础垫层构件
4	相关图纸	结施-04

本节完成对应任务后，整体效果图如图7-1所示：

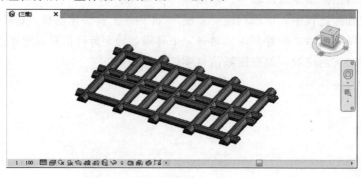

图7-1

7.1.2 任务实施

（1）创建条形基础构件

1）点击软件上方"结构"选项卡中的"基础"面板，可以看到包括"结构基础：独立""结构基础：墙""结构基础：板"三类基础构件，分别对应独立基础、条形基础、筏板基础等构件的绘制应用。根据基础平面布置图可以得知，基础形式为条形基础。建议初学者可以通过打开安装 Revit 后自带族文件或下载对应族文件（可通过安装族库大师等插件快速查找族载入，便于初学者快速建模使用）进行编辑修改，后期熟悉相关操作后可以尝试自行建族。在这里本文打开提供的"条形基础"的族文件进行编辑，如图 7-2、图 7-3 所示。

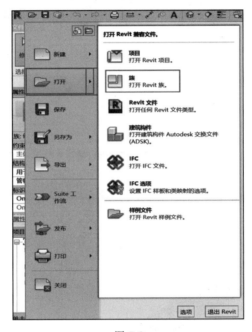

图 7-2

图 7-3

2）修改参数信息。打开"条形基础"族文件后，可以进入楼层平面—参照标高查看族文件的平面图形及尺寸标注信息，包括基础的长度及宽度属性。进入立面视图，可以查看族文件的竖向图形及尺寸标注信息，包括基础的厚度属性，以基础平面图中的条形基础为例进行修改，底部长宽尺寸分别为 18000 和 1500，可以直接双击尺寸标注处直接修改数值，也可以在"属性"中的"族类型"修改尺寸标注，如图 7-4 所示。

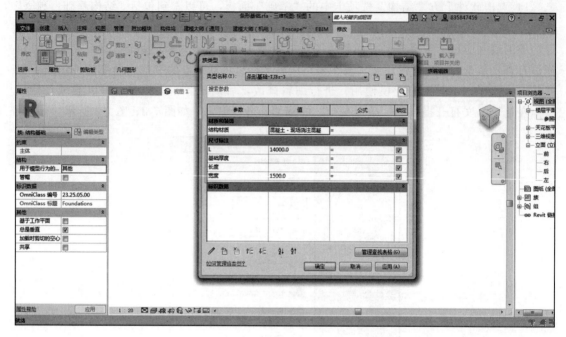

图 7-4

3）点击"三维视图"，可以查看修改完成的条形基础三维形态，如图 7-5 所示：

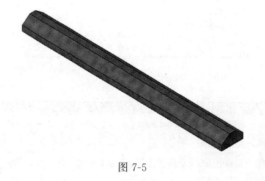

图 7-5

4）载入族文件到项目。将做好的"条形基础"族导入到项目中。点击"修改"选项卡"族编辑器"面板中的"载入到项目"工具，默认切换到"员工宿舍楼"项目文件中，"条形基础"的族构件就已经载入到了"员工宿舍楼"项目中。切换到"员工宿舍楼"项目，点击"结构"选项卡"基础"面板中的"结构基础：独立"工具，就可以找到载入到项目中的条形基础构件，如图 7-6、图 7-7 所示。

5）定义条形基础构件。在项目中对"条形基础"进行定义。在"项目浏览器"中展开"楼层平面"视图类别，双击"基底"视图名称，进入"基底"楼层平面视图，点击"结构"选项卡"基础"面板中的"结构基础：独立"工具。点击"属性"面板的中"编辑类型"，打开"类型属性"窗口，点击"复制"按钮，弹出"名称"窗口，输入"条形基础-TJBz-3"，点击"确定"关闭窗口；根据"S-条形基础-TJBz-3"，分别在"L""宽度"的位置输入"14000""1500"。输入完毕后，点击"确定"按钮，退出"类型属性"窗口，如图7-8所示：

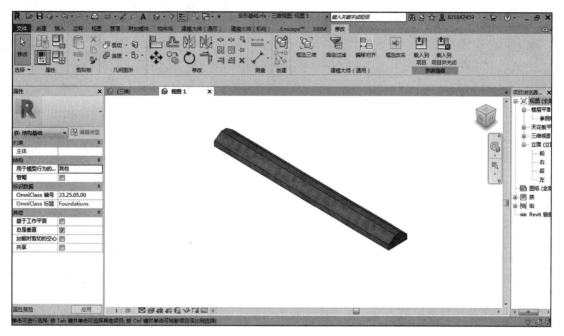

图 7-6

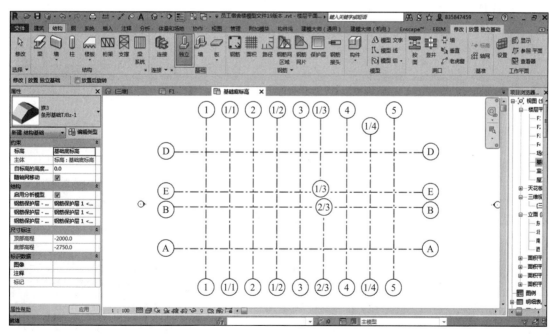

图 7-7

图 7-8

6）定义基础材质信息。点击"属性"面板中的"结构材质"右侧按钮，打开"材质浏览器"窗口，点击搜索材质栏窗口，输入"混凝土"，选择为"混凝土-现场浇筑混凝土"，鼠标右键，选择"复制"，修改为"混凝土-现场浇注混凝土 C30"。点击"确定"按钮，退出"材质浏览器"窗口，如图 7-9 所示。

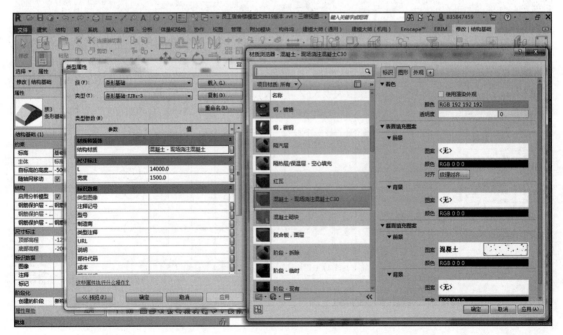

图 7-9

7）定义其他条形基础构件。根据上述讲解操作方法，参照"结施-04"图纸，分别定义

TJBP1、TJBP2、TJBP3 条形基础构件，根据图纸属性参数建立构件并进行相应尺寸和结构材质的设定。在修改"类型属性"中的尺寸标注时，要清楚族文件中每个字母标号或字符代表的实际尺寸意义和图纸进行准确对应，如果输入不清晰字母或字符表示实际尺寸意义时，可以结合不同视图以及"预览"按钮，查看左侧图示标识。以定义 TJBP2 条形基础构件为例，结合基础平面图标注尺寸，"L""宽度"分别输入为 14000、1500，完成后点击"确定"，如图 7-10 所示。

图 7-10

　　TJBP1（4B）、TJBP1（2B）、TJBP2（2）结合图纸标注信息，按照上述同样操作方法进行定义，完成后如图 7-11～图 7-13 所示。

图 7-11

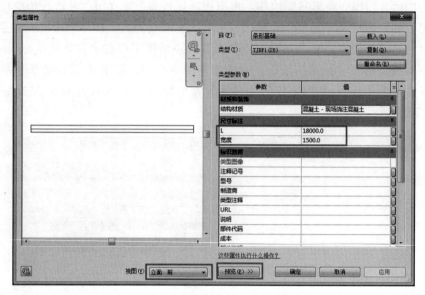

图 7-12

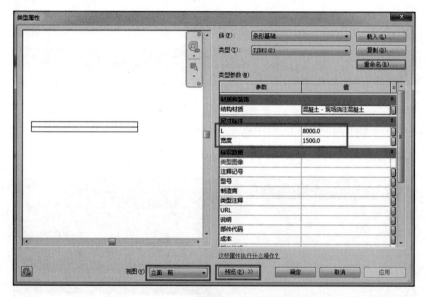

图 7-13

（2）放置条形基础构件

1）布置条形基础构件。构件定义完成后，开始布置条形基础构件。根据"结施-04"中"基础平面布置图"布置放坡条形基础。在"属性"面板中找到"TJBP1（2B）"，设置"标高"为"基础梁顶标高"，设置"自标高的高度偏移"为"－500"，Enter 键确认。鼠标移动到1轴与 D 轴交点位置处，点击左键，布置 TJBP1（2B）构件。布置过程如图 7-14所示。

2）对条形基础进行尺寸标注。根据"结施-04"图纸标注信息，可以利用"对齐"命令对 TJBP1（2B）进行标注，"对齐"具体操作方法在轴网、标高中已讲解，故不再赘述。完成后如图 7-15 所示。

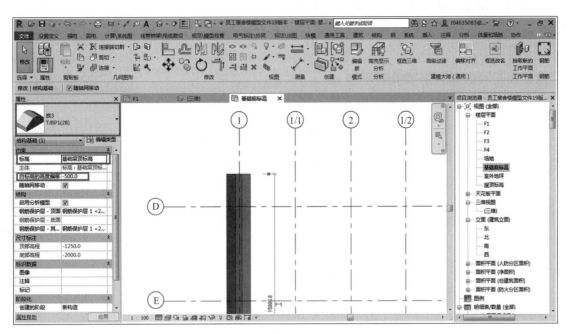

图 7-14

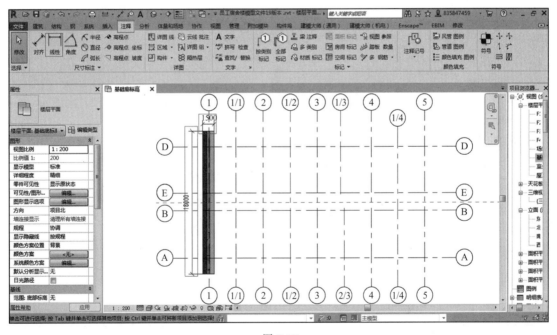

图 7-15

3）参照上面的操作方法，将其他条形基础构件 TJBP1（4B）、TJBP1（2B）、TJBP2（2）进行布置并进行位置精确修改。需注意各构件标高设置不同，具体如下：

① "TJBP1（4B）"，设置"标高"为"基础梁顶标高"，"自标高的高度偏移"为"—500"。

② "TJBP1（2B）"，设置"标高"为"基础梁顶标高"，"自标高的高度偏移"为"—500"。

③ "TJBP2（2）"，设置"标高"为"基础梁顶标高"，"自标高的高度偏移"为"—500"。

放置过程中，可以结合"复制""阵列"等工具快速放置，全部完成放置后，可得到如图 7-16 所示效果。

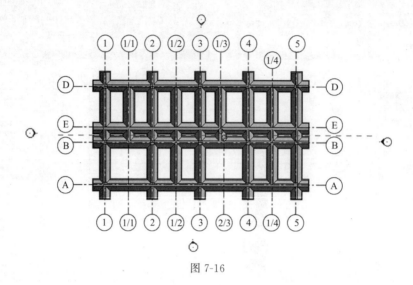

图 7-16

4）查看绘制成果三维样式。单击"快速访问栏"中三维视图按钮，切换到三维进行查看。点击"视图控制栏"中"视图样式"按钮，选择"真实"模式，如图 7-17 所示。

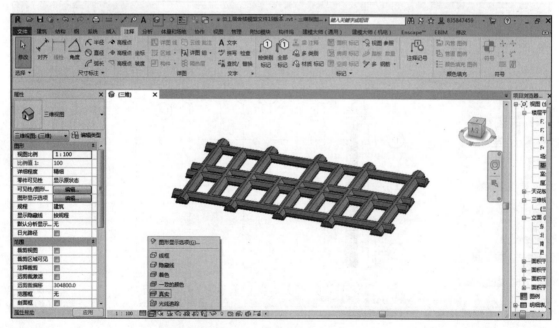

图 7-17

（3）创建基础垫层构件　在 Revit 软件中没有基础垫层构件族，一般使用"结构基础：楼板"工具创建基础垫层，按照"垫层"命名即可。首先在"项目浏览器"中展开"楼层平面"视图类别，双击"基础底标高"视图名称，进入"基础底标高"楼层平面视图，点击"结构"选项卡"基础"面板中的"板"下的"结构基础：楼板"工具。点击"属性"面板中的"编辑类型"，打开"类型属性"窗口，点击"复制"按钮，弹出"名称"窗口，输入

"100厚C15素混凝土垫层",点击"确定"按钮关闭窗口。点击"结构"右侧"编辑"按钮,进入"编辑部件"窗口,修改"结构[1]"的"厚度"为"100",同时点击"结构[1]"的"材质"中"按类别"进入"材质浏览器"窗口,当前选择为"混凝土-现场浇筑混凝土",点击鼠标右键,选择"复制",修改为"混凝土-现场浇注混凝土-C15"。点击"确定"关闭窗口,再次点击"确定"按钮退出"类型属性"窗口,属性信息修改完毕,整体过程如图7-18、图7-19所示。

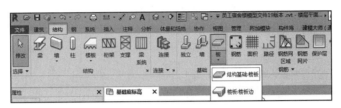

图 7-18

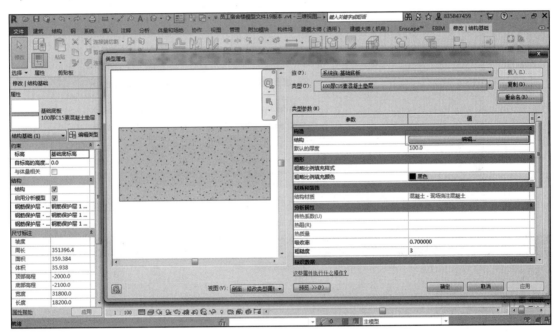

图 7-19

(4)放置基础垫层构件

1)放置基础垫层构件。在定义完成基础垫层构件后,根据"结施-04"中"基础平面布置图"的相关要求布置基础垫层,得知基础垫层出边距离为100,标高为-2.000。在"属性"面板设置"标高"为"基础底标高","自标高的高度偏移量"为"0",Enter键确认。"绘制"面板中选择"矩形"方式,选项栏中"偏移量"设置为"100"。绘制垫层,鼠标移动至1轴与D轴间的条形基础TJBz-1构件的左上角位置点击左键,松开鼠标左键,依次绘制所有的条形基础至绘制完成。整体过程如图7-20~图7-22所示。

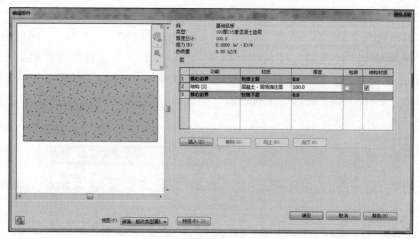

图 7-20

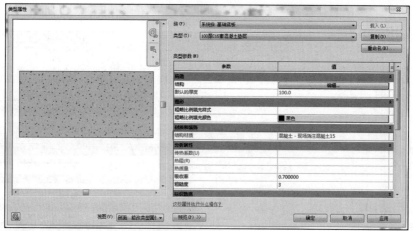

图 7-21

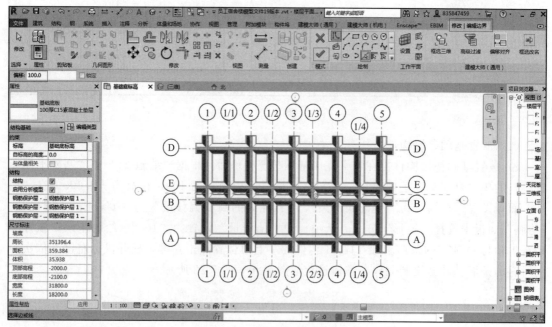

图 7-22

绘制完成后，点击"模式"中绿色对勾确认即可。弹出是否载入跨方向符号族，点击否即可，如图7-23所示。

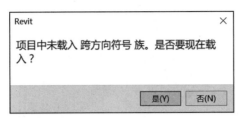

图 7-23

2) 修改视图范围。因为基础底标高为一2.000，而垫层顶部标高为一2.000，这种情况下在基底平面视图下是默认不显示垫层的。可以通过点击"属性"面板中"视图范围"右侧的"编辑"按钮，打开"视图范围"窗口，在"底部（B）"后面"偏移量（F）"处输入"一100"，在"标高（L）"后面"偏移量（S）"处输入"一100"，点击"确定"按钮，关闭窗口。地基基础构件下面的100mm厚垫层就会显示出来，如图7-24～图7-26所示。

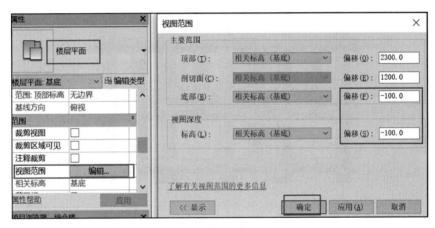

图 7-24

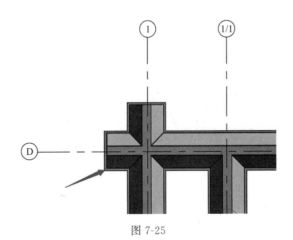

图 7-25

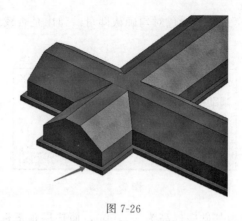

图 7-26

3）绘制其他基础垫层。根据上述操作，完成其他条形基础垫层构件的绘制，点击三维视图查看效果，布置完成后如图 7-27、图 7-28 所示。

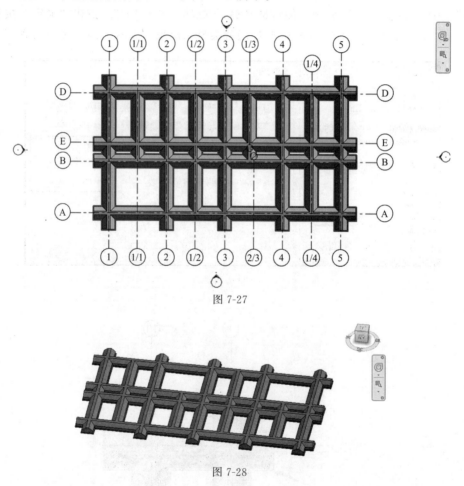

图 7-27

图 7-28

4）成果保存。点击"快速访问栏"中保存按钮，保存当前项目成果。

7.1.3 任务总结

（1）注意新建条形基础时，一定要理清思路，进入基底楼层平面视图，以条形基础族文件为基础创建修改所需族文件，也可以利用下载导入的族文件或族库大师等第三方插件快速导入族文件，将修改好的族文件导入到项目，根据基础平面图相应标注定义每一个基础构件，定义完成后，根据图示位置进行布置。

（2）注意新建基础垫层时，一定要理清思路。进入基底楼层平面视图，以"结构基础：楼板"为参照创建基础垫层构件，修改对应属性参数，根据已绘制的基础边线做参照，通过设定偏移值绘制垫层会更加便利。

（3）在放置基础和垫层构件过程中，可以结合"移动""复制""阵列"等工具命令快速放置构件，快速高效。

（4）可以利用"对齐"命令标注条形基础边线尺寸及距离轴线的尺寸等信息。

（5）可以设置楼层平面"属性"—"视图范围"，将低于或高于本楼层的构件通过设置主要范围和视图深度加以显示，使形象更为直观。

7.2 柱的创建

7.2.1 章节概述

本节主要阐述如何进行结构柱构件及梯柱构件的创建与绘制，读者通过本节内容的学习，重点需要掌握如何进行创建并绘制结构柱及梯柱构件内容，熟悉相关操作，本节学习目标如表 7-2 所示。

表 7-2 柱创建学习内容及目标

序号	模块体系	内容及目标
1	业务拓展	（1）柱是建筑物中竖向承重的主要构件，承托其上方构件所传递的荷载； （2）柱的形式有多种，包括框架柱、框支柱、暗柱等； （3）梯柱为楼梯框架的支柱，一般分为两类，包括独立柱和框架柱
2	任务目标	（1）完成本项目结构柱的创建及绘制； （2）完成本项目梯柱的创建及绘制
3	技能目标	（1）掌握使用载入"结构柱"命令创建修改结构柱族； （2）掌握使用"柱"命令创建放置结构柱及梯柱； （3）掌握使用"过滤器""复制到剪贴板""粘贴""与选定的标高对齐"等工具命令快速创建结构柱及梯柱
4	相关图纸	结施-05

本节完成对应任务后，整体效果图如图 7-29 所示。

图 7-29

7.2.2　任务实施

在 Revit 软件提供了两种不同性质的柱：建筑柱和结构柱，分别为"建筑"选项卡"构件"面板中的"柱"以及"结构"选项卡"结构"面板中的"柱"。建筑柱和结构柱在 Revit 软件中所起的功能与作用各不相同。建筑柱主要起到装饰和维护作用，而结构柱则主要用于支撑和承受荷载。对于大多数结构体系，一般采用结构柱。下面以员工宿舍楼案例为主线，重点讲解使用"结构"选项卡"结构"面板中的"柱"创建项目结构柱的操作步骤。

（1）创建结构柱构件

1）载入"结构柱"族文件。在"项目浏览器"中展开"楼层平面"视图类别，双击"基底"视图名称，进入"基底"楼层平面视图。点击"结构"选项卡"结构"面板中的"柱"工具，点击"属性"面板中的"编辑类型"，打开"类型属性"窗口，点击"载入"按钮，弹出"打开"窗口，进入提供的 Revit 族库文件夹；依次按照"结构→柱→混凝土"流程进行操作，点击"混凝土-矩形-柱.rfa"，点击"打开"命令，载入到员工宿舍楼项目，过程如图 7-30～图 7-32 所示：

图 7-30

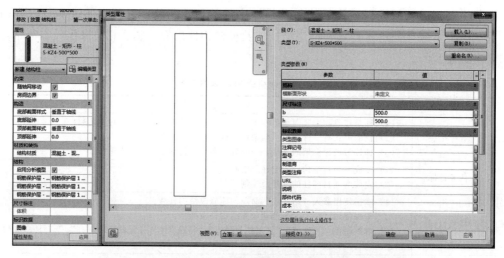

图 7-31

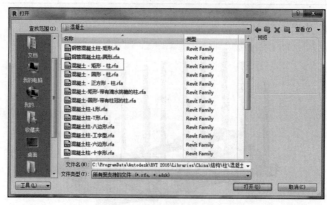

图 7-32

2）建立结构柱构件类型。载入"混凝土-矩形-柱"族文件后，点击"编辑类型"后，选择"复制"命令，输入"S-KZ1-550×550-基础顶－1.250标高"（注意：结构柱前面的"S"为structure的首字母，为结构的意思），点击"确定"按钮关闭窗口。根据"结施-05"图纸中的柱截面注写信息，分别在"b"位置输入"550"，"h"位置输入"550"。点击"确定"按钮，退出"类型属性"窗口。点击"属性"面板中的"结构材质"右侧按钮，选择材质为"混凝土-现场浇注混凝土C30"，如图7-33、图7-34所示。

图7-33

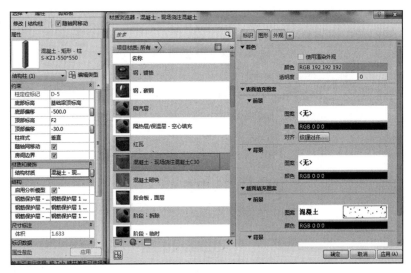

图7-34

3）建立其他结构柱构件。根据"结施-05"图纸中柱截面信息，按照上述操作方法，建立定义其他框架柱构件，包括基础顶－1.250标高的"S-KZ2-500×500"、"S-KZ3-500×550"、"S-KZ4-500×500"，－1.250～8.400标高的KZ1、KZ2、KZ3、KZ4柱构件，定义完成后如图7-35所示。

图 7-35

（2）放置结构柱构件

1）放置基础顶～8.40范围结构柱构件。进入"基底"楼层平面视图进行结构柱布置。根据"结施-05"中柱标注信息，在"属性"面板中找到"S-KZ1-500×500-基础顶－1.250标高"，Revit自动切换至"修改｜放置结构柱"选项卡，单击"放置"面板中的"垂直柱"（即生成垂直于标高的结构柱），选项栏选择"高度"（Revit软件提供了两种确定结构柱高度的方式：高度和深度。高度方式是指从当前底标高到顶标高确定的结构柱高度；深度方式是指从设置的标高到达当前标高确定结构柱深度的方式），到达标高选择"F2"。鼠标移动到1轴与A轴交点位置处，点击左键，布置S-KZ1-500×500-基础顶－1.250。弹出如下"警告"窗口，点击右上角叉号关闭即可。点击过程如图7-36、图7-37所示。

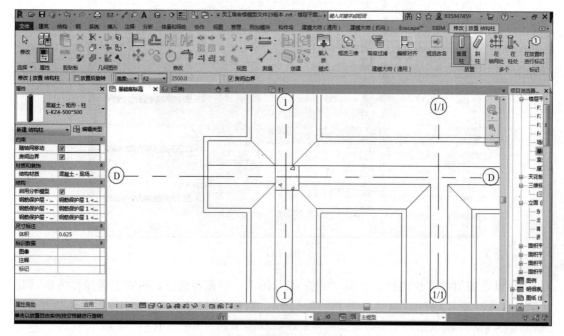

图 7-36

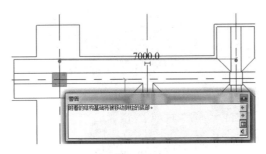

图 7-37

2）点击"快速访问栏"中三维视图按钮，切换到三维，可以查看原本100mm厚的C15素混凝土垫层向上移动到条形基础构件的上面，如图7-38所示。

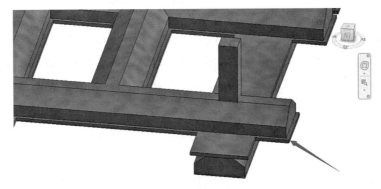

图 7-38

出现上述现象的原因在于该KZ1框架柱的标高范围为"基础顶－1.250"，但是在"基底"楼层平面进行绘制，默认底标高就变成了基础底，因此要对其设置底部偏移。选中该KZ1，在"属性"面板中设置"底部标高"为"基底"，输入"底部偏移"为"600"（输入600原因是该KZ1下方的条形基础高度为750，现在要设置KZ1的底部标高变为基础顶，所以要偏移输入600，在放置其他结构柱构件时，同样要考虑下方条形基础的厚度，可按照同样的方法进行处理）。"顶部标高"为"F2"，因"F2"处标高为4.200，因此不用输入顶部偏移，默认为"0"即可，按Enter确认，弹出Revit提示，点击确定即可，再次查看三维效果，可以看出垫层显示到基础底部，如图7-39、图7-40所示。

图 7-39

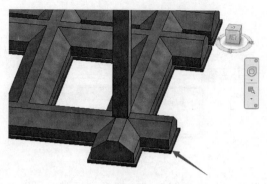

图 7-40

在放置柱过程中，如果想隐藏其他已有构件，如条形基础，可以先选中条形基础，通过点击下方"视图控制栏"中的"临时隐藏/隔离"（隐藏指的是将选中的图元或类别隐藏，隔离指的是只显示选中的图元或类别），在这里选择隐藏类别，显示内容就不再包括条形基础。如果想要恢复原来的显示状态，可以再次点击"重设临时隐藏/隔离"即可恢复，如图 7-41、图 7-42 所示。

图 7-41

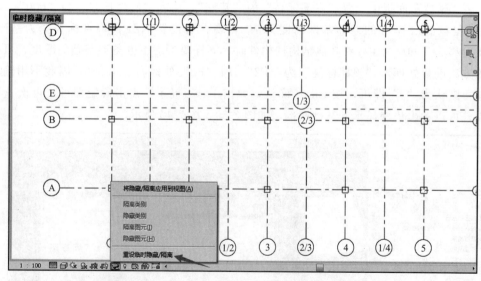

图 7-42

3）对放置的结构柱进行尺寸标注。利用"对齐"工具同样可以对结构柱构件进行尺寸标注，"对齐"操作方法与前文讲解相同。根据"结施-05"图纸，对 1 轴和 A 轴相交处 KZ1 进行尺寸标注，如图 7-43 所示。

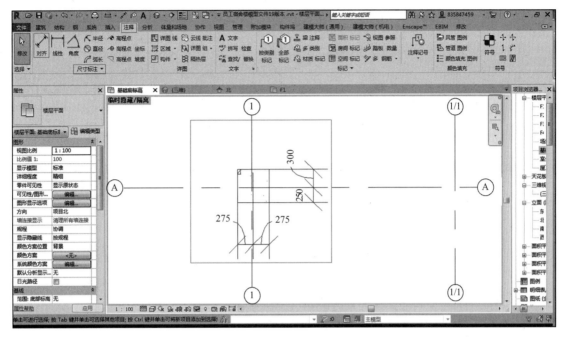

图 7-43

4）放置基础顶～4.200 范围内其他结构柱构件。根据上述操作方法，结合"结施-05"图纸中柱标注信息，放置其他结构柱构件。包括基础顶～4.200 标高的 KZ1、KZ2、KZ3、KZ4 柱构件，放置完成后，根据图纸定位对其位置进行精确调整，包括水平定位的调整和底部偏移的调整，操作与前文讲解相同。调整完成后对其进行尺寸标注。放置过程中可以点击"在轴网处"工具命令，对同一类构件在多处进行快捷放置。如点击该命令后，选择"S-KZ1-500×500-基础顶－1.250 标高构件"，从右下往左上的方向拉框选择 1～5 轴与 A 轴所有轴网交点，点击上方绿色对勾，弹出提示，点击确定，则 KZ1 自动生成到了对应位置，如图 7-44、图 7-45 所示：

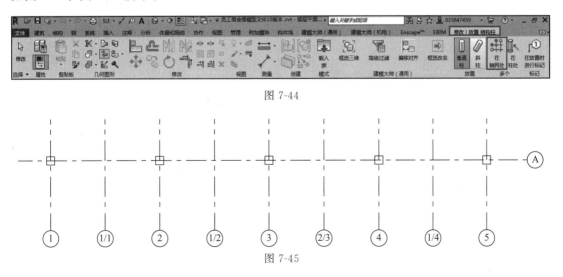

图 7-44

图 7-45

放置过程中，可以结合"移动""复制""阵列"等工具命令快速放置，提高效率。全部放置调整完成后如图 7-46 所示。

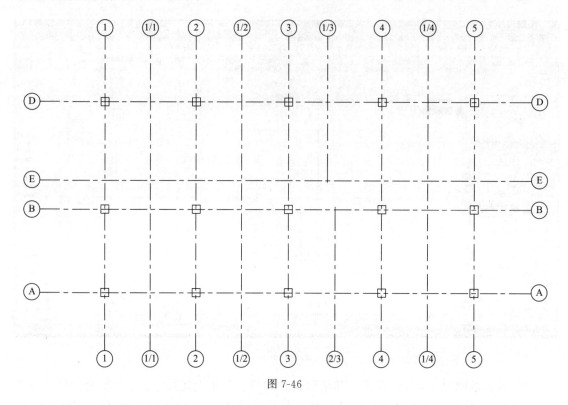

图 7-46

对局部进行尺寸标注，如图 7-47 所示。

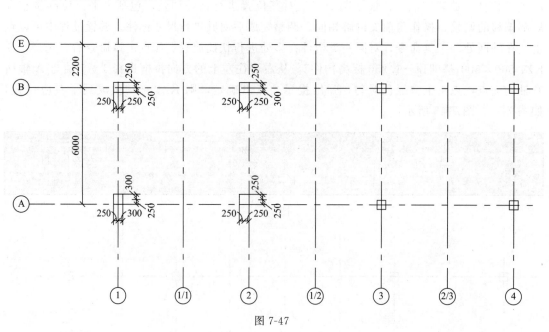

图 7-47

点击"快速访问工具栏"中"默认三维视图"，查看三维效果，如图 7-48 所示。

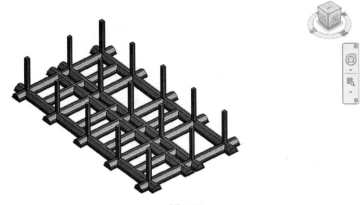

图 7-48

5）放置 4.200～12.600 范围内其他结构柱构件。为了绘图方便，可以将首次放置的结构柱构件复制到其他楼层，再进行构件的替换及位置的精确调整。进入"基底"楼层平面视图，拉框选择所有柱构件，点击上方"选择"面板中"过滤器"，只勾选结构柱。此时 Revit 自动切换至"修改｜结构柱"选项，单击"剪贴板"面板中的"复制到剪贴板"工具，然后单击"粘贴"下的"与选定的标高对齐"工具，弹出"选择标高"窗口，选择"F2""F3"，点击"确定"按钮，完成复制过程。切换到"F2""F3"楼层平面视图进行查看，过程如图 7-49～图 7-53 所示。

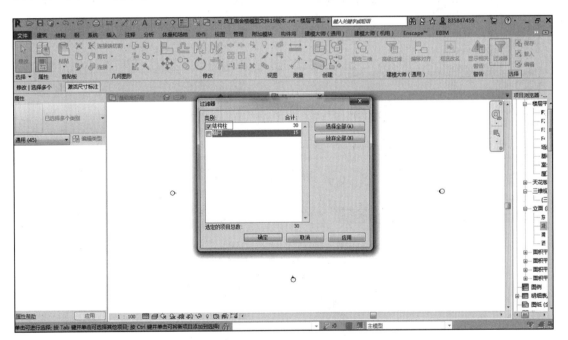

图 7-49

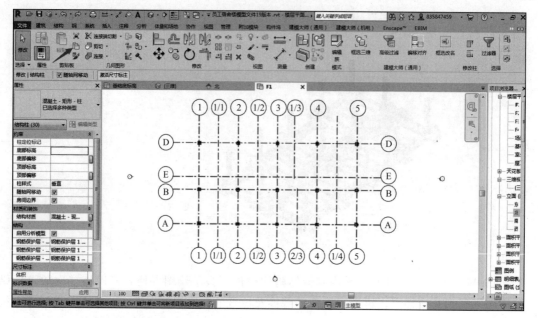

图 7-50

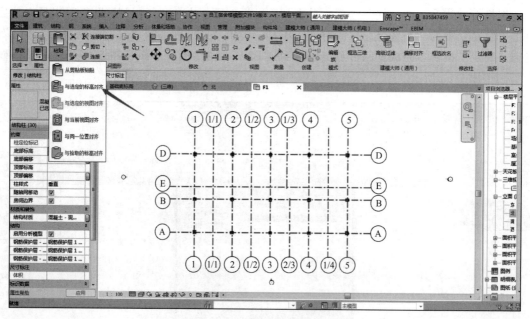

图 7-51

图 7-52

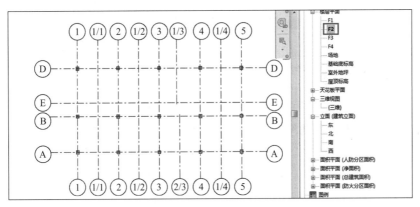

图 7-53

复制完成后点击"默认三维视图"查看三维效果，调整完成后如图 7-54 所示。

图 7-54

7.2.3 任务总结

（1）注意新建结构柱时，一定要理清思路，结合柱平面施工图，分析对应柱标高范围和定位信息等内容，进入对应的楼层平面视图，以载入的结构柱族文件为基础创建修改所需族文件，根据图纸信息定义每一个柱构件，定义完成后，根据图示位置进行布置。

（2）绘制柱构件过程中，可以结合"移动"修改平面定位，选中柱构件可以在"属性"栏进行底部标高、顶部标高、底部偏移和顶部偏移的设定，决定其空间位置。同时可以利用"对齐""复制""阵列""在轴网处"等工具命令快速放置柱，提高建模效率。

（3）可以利用"复制到剪贴板""与选定的标高对齐"等命令将放置的图元进行层间复制，复制后根据图示信息修改平面定位、标高设定、偏移量等信息，如需修改替换其他构件，先选中放置后的图元，可以直接在"属性"栏下拉选择其他构件，完成图元的替换。

（4）注意建模过程中，利用"过滤器"进行选择，是非常便利的一种方式，同时可以结合"临时隐藏/隔离"在当前视图中控制构件图元的显示和隐藏情况，有利于建模过程清晰化。

7.3 梁的创建

7.3.1 章节概述

本节主要阐述如何进行结构梁构件及梯梁构件的创建，读者通过本节内容的学习，需要重点掌握如何进行创建并绘制结构梁及梯梁构件内容，熟悉相关操作，本节学习目标如表7-3所示。

表7-3 梁创建学习内容及目标

序号	模块体系	内容及目标
1	业务拓展	梁是由支座支承，承受的外力以横向力和剪力为主，以弯曲为主要变形的构件；梯梁是沿楼梯轴横向设置并支撑于主要承重构件上的梁
2	任务目标	（1）完成本项目框架部分结构梁的创建及绘制； （2）完成本项目框架部分梯梁的创建及绘制
3	技能目标	（1）掌握使用"梁"命令创建修改结构梁及梯梁； （2）掌握使用"对齐"命令修改梁平面位置； （3）掌握使用"过滤器""复制到剪贴板""粘贴""与选定的标高对齐"等工具命令快速创建结构梁及梯梁
4	相关图纸	结施-6

本节完成对应任务后，整体效果图如图7-55所示。

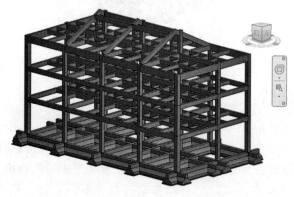

图 7-55

7.3.2 任务实施

（1）创建结构梁构件

1）点击"结构"选项卡"结构"面板中的"梁"工具，在"属性"中点击编辑类型，以软件自带的"混凝土-矩形梁"为参照，建立定义结构梁构件。以"结施-6"图纸中"KL8"为例介绍定义过程，点击复制按钮，输入命名为"S-KL8-300×600"，然后修改"b"为300，"h"为550，在"属性"中设置材质为"混凝土-现场浇筑混凝土 C30"，完成KL8的定义。过程如图7-56～图7-58所示。

图 7-56

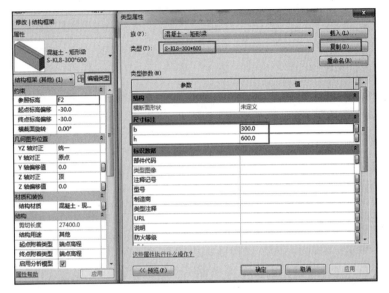

图 7-57

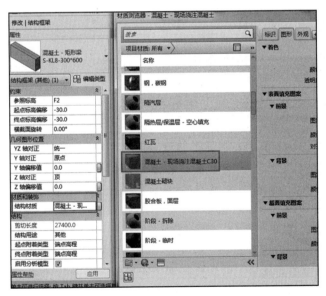

图 7-58

2）依次进行 4.170 标高、8.370 标高、12.570 标高梁平法施工中所有结构梁构件的定义，包括框架梁 KL、非框架梁 L 和屋面框架梁 WKL。梁的标注信息可参照"结施-6""结施-8""结施-9"。操作方法与标注结构柱方法一致，完成后如图 7-59 所示。

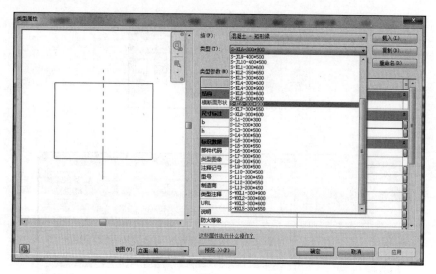

图 7-59

（2）放置结构梁构件

1）布置结构梁构件。根据"结施-6"图纸，布置首层结构梁。一般布置梁的顺序为：先主梁，后次梁，沿 X 向布置完，再沿 Y 向进行布置：以放置 KL8 为例讲解结构梁的布置：首先进入"F2"楼层平面视图，点击"结构"选项卡中"结构"面板的"梁"，在左侧"属性"切换到"S-KL8-300×600"梁构件，放置平面选择"标高 F2"，自动切换到"修改｜放置梁"选项卡，在"绘制"面板中选择直线绘制方式，绘制起点选择 1 轴和 D 轴交点，绘制终点选择 5 轴和 D 轴交点，绘制完成，弹出警告提示，然后调整"F2"楼层平面"属性"中的"视图范围"，设置底部偏移"−100"、视图深度偏移"−100"即可。过程如图 7-60～图 7-63 所示。

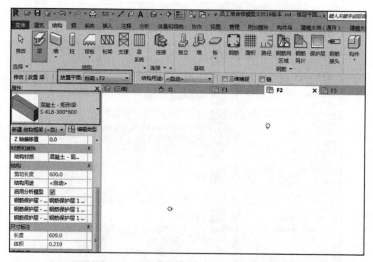

图 7-60

图 7-61

图 7-62

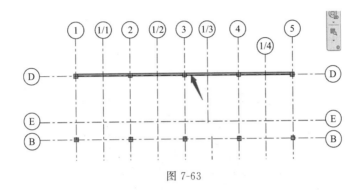

图 7-63

2）精确调整结构梁放置位置。将 KL8 设置完成后，参照"结施-6"图纸发现 KL8 定位不符合图纸情况，需要将梁的上边线与柱边对齐，可以先选择放置好的 KL8 自动进入"修改│结构框架"选项卡，利用"修改"面板中的"对齐"工具命令，先点击柱的上边线，再点击梁的上边线，将梁边与柱边对齐。过程如图 7-64、图 7-65 所示。

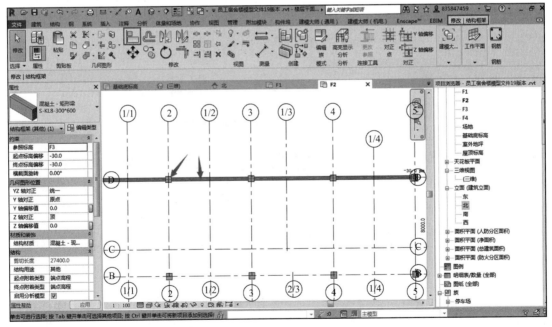

图 7-64

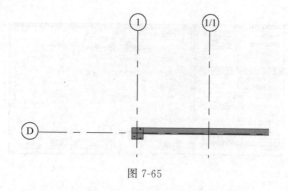

图 7-65

3）点击"默认三维视图"，查看放置梁的三维效果，如图 7-66 所示。

图 7-66

4）放置标高 4.170 处其他所有的结构梁构件。根据上述操作方法，结合"复制""移动""对齐""阵列"等工具快速完成标高 4.170 结构梁的放置，放置完成后，根据图纸精确调整定位。完成过程如图 7-67、图 7-68 所示。

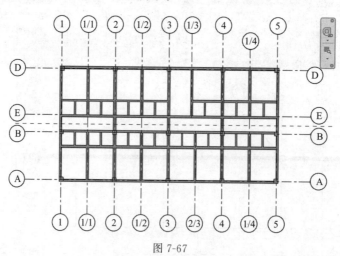

图 7-67

5）放置－1.250、4.170、8.370、12.570 标高所有的结构梁构件。根据上述操作方法，结合"复制""移动""对齐""阵列"等工具快速完成－1.250、4.170、8.370、12.570 标高结构梁的放置，放置完成后，根据图纸精确调整定位。完成过程如图 7-69～图 7-76 所示。

图 7-68

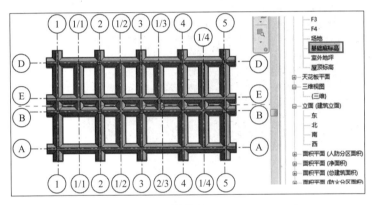

图 7-69

图 7-70

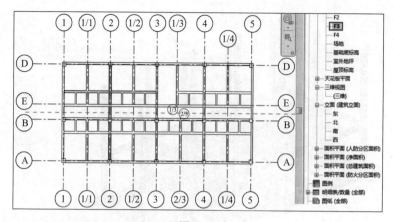

图 7-71

图 7-72

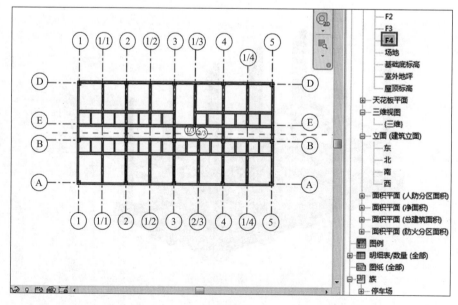

图 7-73

图 7-74

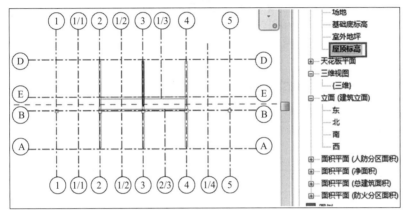

图 7-75

图 7-76

完成所有放置后，点击"默认三维视图"，查看整体三维效果，如图 7-76 所示。

7.3.3　任务总结

（1）注意新建结构梁时，一定要理清思路，结合梁平面施工图，分析对应梁标高和定位信息等内容，进入对应的楼层平面视图，根据软件自带的结构梁构件创建结构梁，根据图纸信息定义每一个梁构件，定义完成后，根据图示位置进行放置，放置过程中要设定放置平面标高。

（2）新建梯梁的方法同结构梁，注意结合图纸进行标高的修改。

（3）绘制梁构件过程中，可以结合"对齐"修改平面定位，可以直接对齐到柱边线。选中梁构件在"属性"栏进行起点标高偏移和终点标高偏移的设定，或者放置梁前进行参照标高及Z轴偏移值的设定，都会决定其空间位置的表达。同时可以利用"对齐""复制""阵列""在轴网处"等工具命令快速放置梁，提高建模效率。

（4）可以利用"复制到剪贴板""与选定的标高对齐"等命令将放置的图元进行层间复制，复制后根据图示信息修改平面定位、标高设定、偏移量等信息，如需修改替换其他构件，先选中放置后的图元，可以直接在"属性"栏下拉选项中选择其他构件，完成图元的替换。

（5）注意建模过程中，利用"过滤器"进行选择，是非常便利的一种方式，同时可以结合"临时隐藏/隔离"在当前视图中控制构件图元的显示和隐藏情况，有利于建模过程清晰化。

7.4 板的创建

7.4.1 章节概述

本节主要阐述如何进行结构板构件及平台板构件的创建，读者通过本节内容的学习，需要重点掌握如何进行创建并绘制结构板及平台板构件内容，熟悉相关操作，本节学习目标如表 7-4 所示。

表 7-4 板创建内容及学习目标

序号	模块体系	内容及目标
1	业务拓展	（1）楼板是分隔建筑竖向空间的水平承重构件； （2）楼板的基本组成可划分为结构层、面层和顶棚三个部分； （3）平台板一般包括楼梯间的楼层平台和休息平台两类
2	任务目标	（1）完成本项目框架部分结构板的创建及绘制； （2）完成本项目框架部分平台板的创建及绘制
3	技能目标	（1）掌握使用"楼板：结构"命令创建并修改结构板； （2）掌握使用"修改/延伸为角（TR）"命令剪楼板轮廓，"对齐"命令修改梁平面位置； （3）掌握使用"复制到剪贴板""粘贴""与选定的标高对齐"等工具命令快速创建结构板及平台板
4	相关图纸	结施-7、结施-10

本节完成对应任务后，整体效果图如图 7-77 所示。

图 7-77

7.4.2　任务实施

在 Revit 中提供了三种楼板：面楼板、结构楼板和建筑楼板。其中面楼板用于将概念体量模型的楼层面转换为楼板模型图元，该方式只能用于从体量创建楼板模型；结构楼板是为方便在楼板中布置钢筋、进行受力分析等结构专业应用而设计；建筑楼板和结构楼板布置方式类似。在做结构建模时，一般多用结构楼板构件。下面以员工宿舍楼案例为主线，重点讲解使用"结构"选项卡中的"楼板"创建的操作步骤。

（1）创建结构板构件　点击"结构"选项卡"结构"面板中的"楼板：结构"工具，在"属性"中点击编辑类型，以软件自带的"系统族：楼板"为参照建立定义结构板构件。以"结施-10"图纸中"100mm 楼板"为例介绍定义过程，点击复制按钮，输入命名为"S-楼板-100mm"，点击结构处"编辑"按钮，进入"编辑部件"对话框，修改"结构［1］"厚度为"100mm"，在"材质"中设置材质为"混凝土-现场浇筑混凝土-C30"，完成 100mm 楼板的定义。过程如图 7-78～图 7-80 所示。

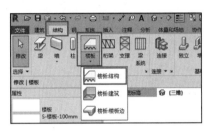

图 7-78

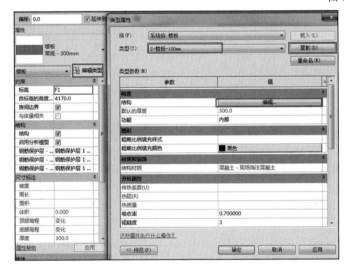

图 7-79

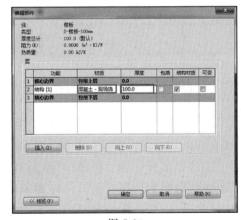

图 7-80

（2）放置结构板与平台板构件

1）上述定义操作完成后，在左侧"属性"面板中选择标高为"F2"，设置"自标高的高度偏移"为"−30"，同时会自动进入"修改｜创建楼层边界"选项卡，在"绘制"面板中选择"拾取线"命令，选项栏中设置"偏移量"为"0"，沿内侧梁边线依次拾取（垂直梁和水平梁直接拾取一根，出现弯折需多次拾取），生成楼板边界轮廓，过程如图7-81、图7-82所示。

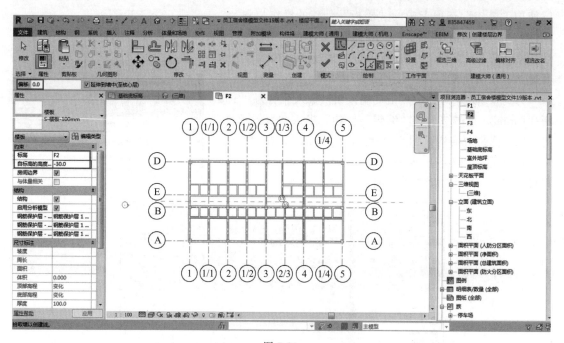

图 7-81

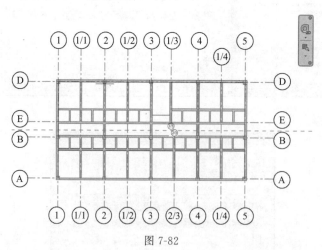

图 7-82

2）采用"修改/延伸为角（TR）"工具来编辑边界线，保证其连续封闭。首先点击"修改｜创建楼板边界"选项"修改"面板中的"修改/延伸为角（TR）"工具，点击F轴的紫色楼板线，然后点击1轴和D轴的紫色楼板线，此时两条紫色线条相连。再次点击5轴和A轴的紫色楼板线，此时两条紫色线条会自动剪切成角相连，如图7-83～图7-85所示。

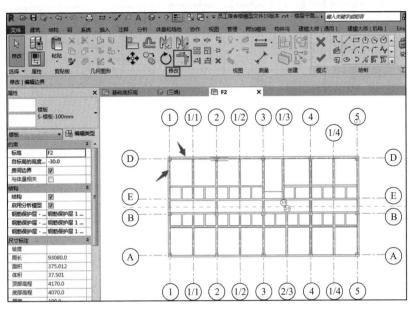

图 7-83

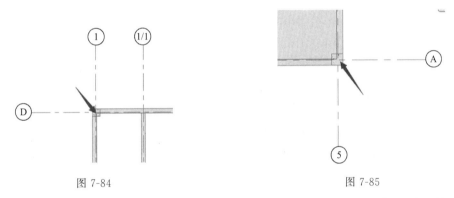

图 7-84   图 7-85

3）根据"结施-7"图纸得知，本层两个楼梯位置结构板暂不需要绘制，需要单独绘制，继续使用"绘制"面板中"拾取线"工具，选项栏中"偏移量"设置为"0"。依次拾取上述区域相邻梁内侧边线，通过不断利用"拾取线"与"修改/延伸为角（TR）"的命令对整个边界线进行调整，如图 7-86 所示。

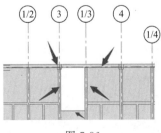

图 7-86

4）整体边线绘制完成后，点击"模式"下绿色对勾确认即可，弹出 Revit 提示，点击否即可，如图 7-87、图 7-88 所示。

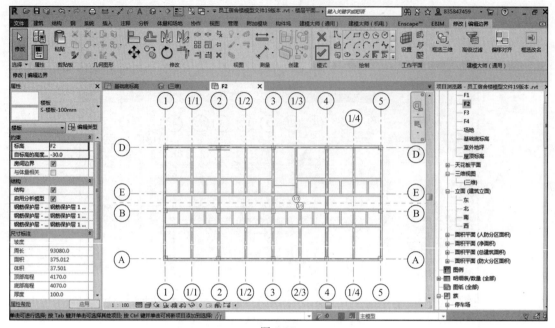

图 7-87

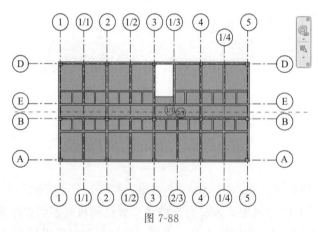

图 7-88

5）至此首层范围内所有结构板均绘制完毕，点击"默认三维视图"，查看三维效果，如图 7-89、图 7-90 所示：

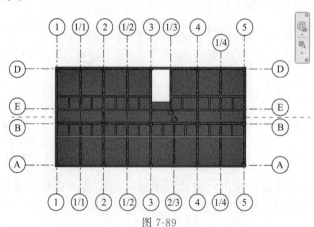

图 7-89

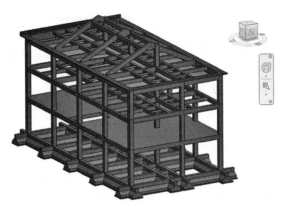

图 7-90

6）绘制 F3、F4 及屋顶层范围内的结构板。按照上述讲解操作方法，参照"结施-11""结施-12"及"结施-13"的图纸信息，自行绘制所有涉及的结构板构件，操作过程同上，故在此不再赘述。在完成员工宿舍楼主楼部分所有结构板的绘制后，保存项目，点击"默认三维视图"，查看三维效果，如图 7-91 所示。

图 7-91

7.4.3 任务总结

（1）注意新建结构板时，一定要结合板平面施工图，分析对应板标高和定位信息、板厚度等内容，进入对应的楼层平面视图，根据"楼板：结构"创建结构板，根据图纸信息定义结构板构件，定义完成后，利用"拾取线""直线""矩形"等方式进行板边线的绘制，注意边线必须围成封闭区域，并且不可以重合、相交。

（2）在点击确认边线对勾前或放置结构板前，可以在"属性"栏设置结构板的标高和自标高方向的高度偏移，确保板的空间位置准确。

（3）在点击确认边线对勾前，可以利用"修剪/延伸为角"工具命令修建绘制的板边轮廓线，确保边线封闭连续，没有相交重合等情况。

（4）当存在标准层时，可以利用"复制到剪贴板""与选定的标高对齐"等命令将放置的板图元进行层间复制，复制后根据图示信息修改平面定位、标高设定、高度偏移等信息，如需修改替换其他构件，先选中放置后的图元，可以直接在"属性"栏下拉选项选择其他构件，完成替换。

（5）创建及绘制平台板的方法同结构板，但注意楼梯间楼层平台及休息平台板的标高信息，在"属性"中设置对应的标高和高度偏移，确保板标高放置正确。

7.5 楼梯的创建

7.5.1 章节概述

本节主要阐述如何进行楼梯构件的创建，读者通过本节内容的学习，重点需要掌握如何进行创建并绘制楼梯构件内容，熟悉相关操作，本节学习目标如表 7-5 所示。

表 7-5　楼梯创建内容及学习目标

序号	模块体系	内容及目标
1	业务拓展	楼梯是建筑物中作为楼层间垂直交通用的构件，在设有电梯、自动扶梯作为主要垂直交通手段的多层和高层建筑中也要设置楼梯
2	任务目标	完成本项目楼梯的创建及绘制
3	技能目标	（1）掌握使用"楼梯"命令创建楼梯； （2）掌握使用"参照平面"命令定位楼梯平面位置； （3）掌握使用"复制"命令快速创建楼梯
4	相关图纸	结施-12

本节完成对应任务后，整体效果图如图 7-92 所示。

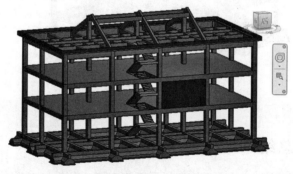

图 7-92

7.5.2 任务实施

在 Revit 软件中，楼梯部位由梯段和扶手两部分构成，与其他构件类似，在使用楼梯前应先定义好楼梯类型属性中各类楼梯参数。一般来说，在 Revit 中建立楼梯需要分解为以下几步：进行楼梯定位→建立楼梯构件→布置楼梯→修剪完善楼梯。下面以员工宿舍楼案例为主线，重点讲解使用楼梯构件创建及绘制楼梯的操作方法。

（1）建立楼梯构件

1）以首层 3 轴和 1/3 轴之间的楼梯定位为例，点击"建筑"选项卡下"楼梯坡道"面板中的"楼梯"，进入"修改｜创建楼梯"选项卡，在左侧"属性"栏点击编辑类型，根据软件已有楼梯族类型，复制定义楼梯构件，命名为"室内楼梯-AT1"，如图 7-93、图 7-94 所示。

图 7-93

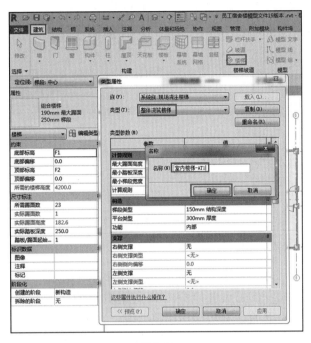

图 7-94

2）根据"结施-12"中楼梯信息，设置参数属性，根据图纸信息计算得知，修改"最小踏步深度"为"270"（该参数决定楼梯所需要的最短梯段长度）；修改"最大踢面高度"为"161.5"（该参数决定楼梯所需要的最少踏步数）；修改"最小梯段宽度"为"1300"；修改"功能"为"外部"，如图 7-95 所示。

图 7-95

3）点击确定后，在左侧"属性"栏中设置"AT1"的底部标高为"F1"，设置"顶部标高"为"F2"，设置"底部偏移"与"顶部偏移"均为"0"。设置完成后，可以看到在"属性"栏中"尺寸标注"信息显示，设置"所需踢面数"为"26"，设置"实际踏板深度"为"270"，"实际踢面高度"自动计算为"161.5"，如图 7-96 所示。

4）设置栏杆扶手。点击"工具"界面中"栏杆扶手"按钮，可以设置栏杆扶手为1100mm 的已有构件，位置选择为"踏板"，点击确定，如图 7-97 所示。

图 7-96

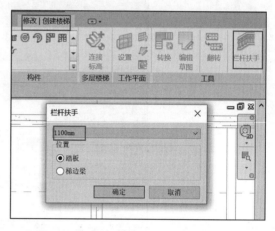

图 7-97

（2）布置楼梯构件　在"修改｜创建楼梯"选项卡中，在"构件"面板中选择"梯段"—"直梯"绘制方式。首先点击如图 7-98 所示右侧的参照平面命令，进入后点击如图 7-99 所示拾取线命令，开始绘制楼梯梯段辅助线，参照平面1、3、4 沿楼板洞口边缘拾取即可，参照平面2 沿洞口上侧边缘偏移"1500"，然后绘制起点选择"参照平面1"和"参照平面2"交点，其次绘制终点选择"参照平面3"和"参照平面4"交点，如图 7-100～图 7-102 所示。

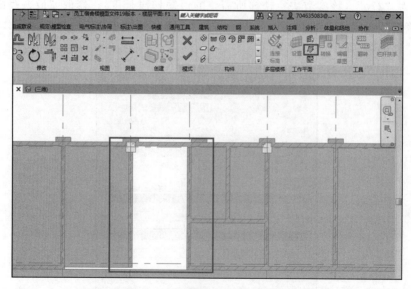

图 7-98

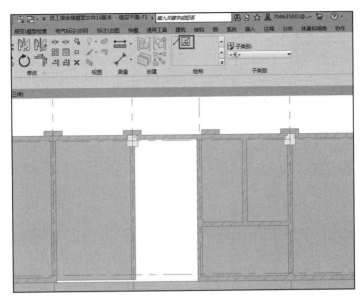

图 7-99

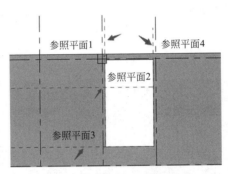

图 7-100

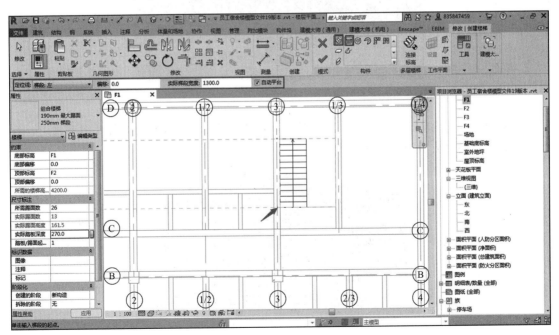

图 7-101

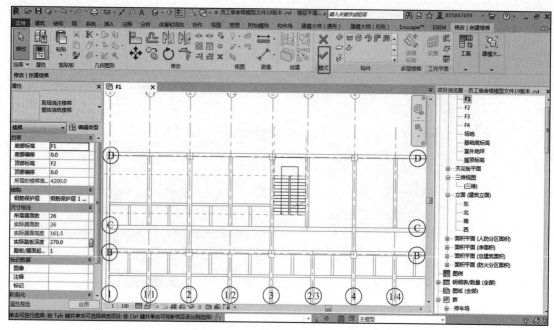

图 7-102

至此楼梯绘制完成，点击"默认三维视图"查看三维效果，如图 7-103 所示。

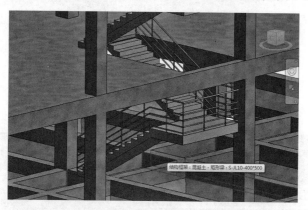

图 7-103

（3）根据上述讲解操作方法，布置首层及二层所有的 AT 楼梯构件，操作过程同上，故不再赘述，绘制完成后如图 7-104 所示。

图 7-104

至此已完成所有楼梯构件的绘制，点击"快速访问栏"中保存按钮，保存当前项目成果。

7.5.3 任务总结

（1）注意新建楼梯构件时，一定要理清思路，结合楼梯详图，分析楼梯定位、剖面标高、踏步尺寸、踏步级数、梯段宽度、梯板厚度等信息，进入对应的楼层平面视图，根据"楼梯"创建楼梯构件，根据图纸信息定义楼梯构件，包括踏步尺寸、梯板厚度、材质、踏步数量、定位标高等信息，利用"梯段"中"直梯""草图"等方式进行楼梯梯段或边线的绘制，注意定义完成楼梯构件后，会自动进入"修改｜创建楼梯"选项卡，必须要绘制完成才可以保留楼梯构件，如不绘制直接点击关闭退出，定义的楼梯构件将不再保留。

（2）学会灵活使用"参照平面"功能，可以在绘制楼梯等复杂构件时，起到良好的定位取点作用，使建模更加精确。

（3）可以使用"复制"命令快速放置同层相同楼梯，使用"粘贴"中"与选定的标高对齐"可以快速放置不同层的相同楼梯构件。

（4）在绘制楼梯过程中，可以同时设置栏杆扶手的构件参数，此时栏杆扶手会跟随楼梯梯段一同进行绘制，可以将栏杆扶手设置为踏板或梯边梁。

（5）当定义完成楼梯构件参数后，在绘制梯段之前，一定要先在左侧"属性"中检查或设置对应的"底部标高""顶部标高""底部偏移"和"顶部偏移"的约束信息，以及"所需踢面数""实际踏步深度""踏板/踢面起始编号"等尺寸信息，检查无误或准确设置完成后，再进行梯段的绘制，保证绘制楼梯梯段构件的属性参数符合图纸信息。

（6）如果在绘制楼梯之前已经绘制了休息平台板及楼层平台板构件，在绘制楼梯时只需要绘制梯段即可，否则还需要另行绘制平台构件，操作方法同前讲解。

第8章

BIM建筑建模

8.1 墙体的创建

8.1.1 章节概述

本节主要阐述如何进行砌体墙构件与女儿墙构件的创建与绘制，读者通过本节内容的学习，需要重点掌握如何进行墙体创建并绘制砌体墙与女儿墙，熟悉相关操作，本节学习目标如表8-1所示。

表 8-1 墙体创建内容及学习目标

序号	模块体系	内容及目标
1	业务拓展	（1）墙体是建筑物的重要组成部分，它起到承重、围护或分隔空间的作用； （2）建筑墙体一般分为内墙和外墙
2	任务目标	（1）完成本项目框架部分砌体墙的创建及绘制； （2）完成本项目框架部分女儿墙的创建及绘制
3	技能目标	（1）掌握使用"墙：建筑"命令创建内外墙及女儿墙； （2）掌握使用"对齐"命令修改墙体位置； （3）掌握使用"不允许连接"命令断开墙体关联性； （4）掌握使用"过滤器""复制到剪贴板""粘贴""与选定的标高对齐"等命令快速创建绘制墙体
4	相关图纸	建施-04、建施-05

本节完成对应任务后，整体效果图如图8-1所示。

8.1.2 任务实施

Revit软件中提供了墙构件，用于绘制和生成墙体对象。在使用Revit软件创建墙体时，需要先定义好墙体的类型，包括墙厚、材质、功能等，再指定墙体需要到达的标高等高度参数，按照平面视图中指定的位置绘制生成三维墙体。Revit软件提供了基本墙、幕墙、叠层墙三种族，使用基本墙可以创建项目的外墙、内墙以及女儿墙等墙体。进行基本墙体绘制时，可以选择创建结构墙体或建筑墙体，在绘制砌体墙时一般多选择建筑墙体，下面以本项目框架部分的砌体墙及女儿墙绘制进行介绍。

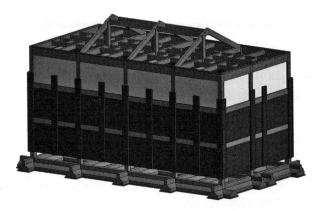

图 8-1

（1）创建墙体构件

1）首先建立墙构件类型。在"项目浏览器"中展开"楼层平面"视图类别，双击"F1"视图名称，进入"F1"楼层平面视图。单击"建筑"选项卡"构件"面板中的"墙"下拉选项下的"墙：建筑"工具，点击"属性"面板中的"编辑类型"，打开"类型属性"窗口，在"族（F）"后面的下拉小三角中选择"系统族：基本墙"，此时"类型（T）"列表中显示"基本墙"族中包含的族类型，点击"复制"按钮，弹出"名称"窗口，参照"建施-04"图纸中的墙体说明，以框架结构±0.000以上外墙为例，输入"A-外墙-200mm"（注意：墙前面的"A"为Architecture的首字母，即建筑），点击"确定"关闭窗口，如图 8-2、图 8-3 所示。

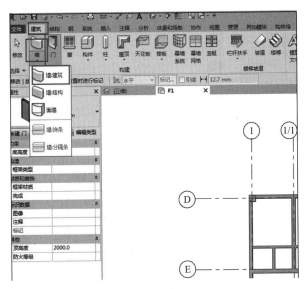

图 8-2

2）点击"结构"中"编辑"按钮，进入"编辑部件"窗口，修改"结构［1］"厚度为200，点击"结构［1］"材质进入材质浏览器窗口，在上面搜索栏中输入"砌体"进行搜索，搜索到"砌体"，点击右键复制材质为"砌体-普通砖 75×225mm"，点击"确定"按钮，退出"材质浏览器"窗口，再次点击"确定"按钮，退出"编辑部件"窗口。继续修改"功能"为"外部"，再次点击"确定"按钮，退出"类型属性"窗口，属性信息修改完毕，完成墙体定义过程，如图 8-4～图 8-6 所示。

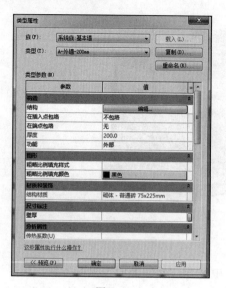

图 8-3

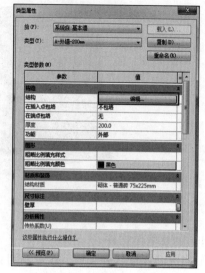

图 8-4

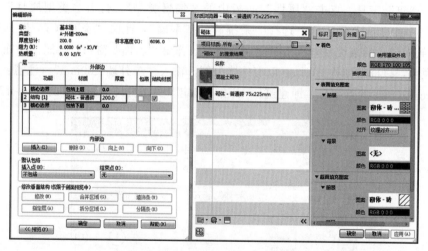

图 8-5

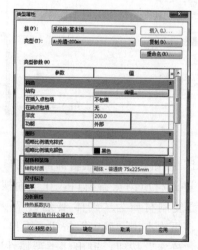

图 8-6

3）按照上述操作方法，完成砌体墙内墙"A-内墙-200mm""A-内墙-100mm"，注意内墙的"功能"属性设定为"内部"，如图8-7所示。

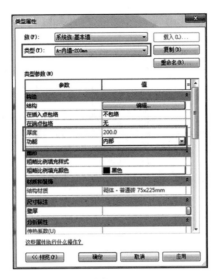

图 8-7

（2）绘制墙体构件

1）绘制首层墙体构件。构件定义完成后，开始布置构件。根据"建施-05"中"一层平面图"布置首层墙构件，先进行外墙的布置。在"属性"面板中找到"A-外墙-200mm"，Revit软件自动切换至"修改｜放置墙"选项卡，点击"绘制"面板中的"直线"，选项栏中设置"高度"为"4200"（首层墙体顶部绘制到4.2m标高处），勾选"链"（勾选链可以连续绘制墙），设置"偏移量"为"150"。"属性"面板中设置"底部约束"为"F1"，"底部偏移"为"0"，"顶部约束"为"未连接"，"无连接高度"为"4200"，"顶部偏移"为"0"，如图8-8所示。

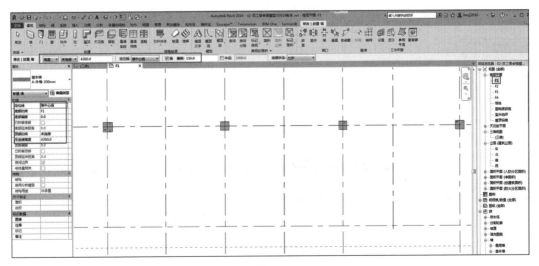

图 8-8

2）设置临时隐藏图元。在绘制墙体过程中，建议把除轴网和柱之外的所有本层图元进行隐藏，会让绘制过程中更加清晰，如图8-9所示。

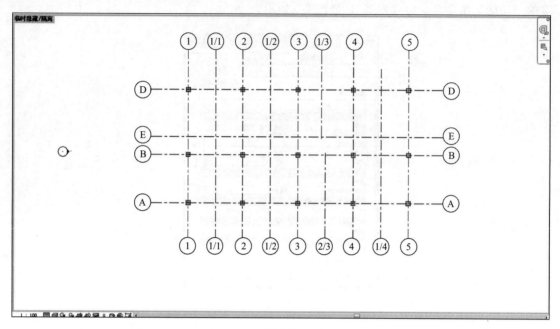

图 8-9

3) 绘制首层外墙。用直线方式进行绘制，操作方法与绘制"梁"构件相同，结合"建施-05"图纸中外墙定位信息，进行连续绘制，以 D 轴处墙体为例，进行"对齐"调整墙体定位，如图 8-10 所示。

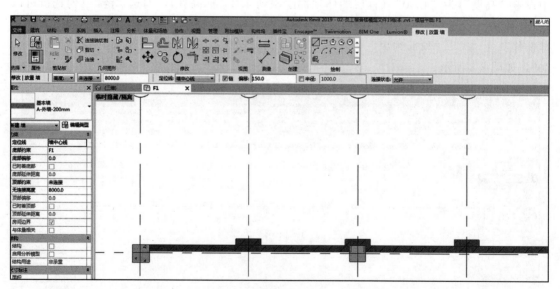

图 8-10

按照上述操作方法完成首层其他外墙的绘制，然后进行拆分打断图元，对齐调整定位，完成如图 8-11 所示。

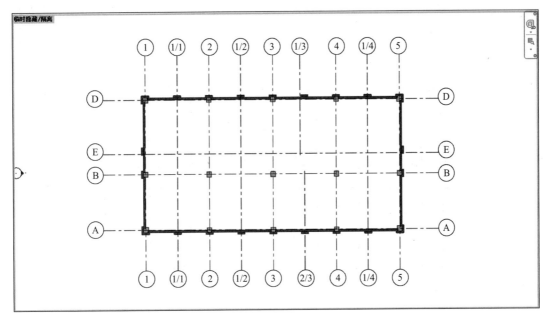

图 8-11

4）绘制首层内墙。按照上述操作方法，结合"建施-05"图纸中内墙的定位信息，使用"对齐""修剪"等命令快速处理墙体，使其符合图纸相应信息，完成如图 8-12 所示效果。

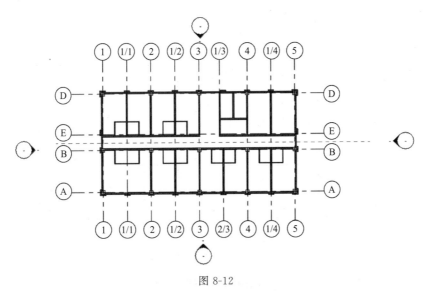

图 8-12

5）复制首层外墙到二层、三层和四层。点击选中一段外墙，右键点击"选择全部实例"中"在视图中可见"，选中所有外墙墙体，然后点击"复制到剪贴板"，点击"粘贴"中"与选定的标高对齐"，选择"F2""F3"，复制完成墙体后，到"F3"选中所有外墙进行标高的调整，如图 8-13～图 8-17 所示。

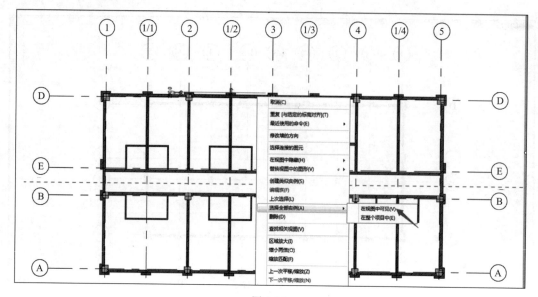

图 8-13

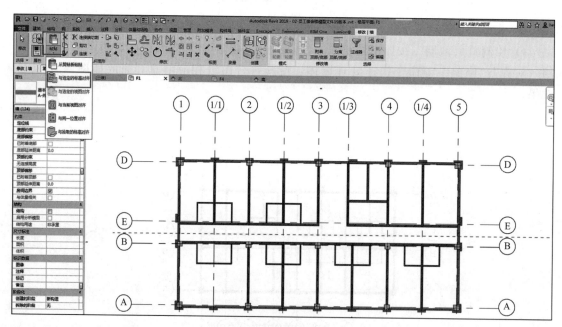

图 8-14

图 8-15

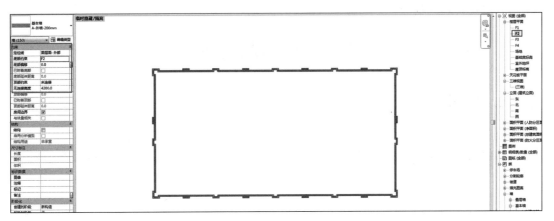

图 8-16

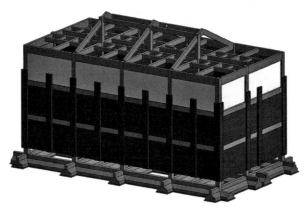

图 8-17

8.1.3 任务总结

（1）注意新建砌体墙时，一定要理清思路，结合建筑设计说明，明确砌体墙的属性信息。根据建筑平面施工图，了解砌体墙的具体定位信息。进入对应的楼层平面视图，根据"墙：建筑"创建砌体墙，根据图纸信息定义每一个砌体墙构件，定义完成后，根据图示位置进行放置，放置过程中要设置墙体的"底部约束""底部偏移""顶部约束""顶部偏移"等信息，确保墙体标高及高度正确。

（2）绘制墙体构件过程中，可以结合"对齐"命令修改平面定位，但要注意相邻墙体存在不同定位情况时，要结合"拆分图元"命令在分界处将其打断，同时右键点击蓝色点选择"不允许连接"命令断开墙体关联性，然后再进行"对齐"。同时可以利用"复制""阵列""镜像"等工具快速放置墙体，提高建模效率。

（3）绘制墙体过程中，可以利用"复制到剪贴板""与选定的标高对齐"等命令将放置的图元进行层间复制，复制后根据图示信息修改"底部约束""底部偏移""顶部约束""顶部偏移"等信息，如需修改替换其他构件，先选中放置后的图元，可以直接在"属性"栏下拉选项选择其他构件，完成图元的替换。

（4）注意绘制墙体过程中，利用"过滤器"进行选择，结合"临时隐藏/隔离"控制显示的内容只包括柱和轴网，会让绘制墙体的过程更加清晰。

8.2　门窗的创建

8.2.1　章节概述

本节主要阐述如何进行门窗及幕墙构件创建与绘制，读者通过本节内容的学习，需要重点掌握如何进行门窗创建并绘制门窗及幕墙构件，熟悉相关操作，本节学习目标如表 8-2 所示。

表 8-2　门窗创建内容及学习目标

序号	模块体系	内容及目标
1	业务拓展	(1) 门是指建筑物的出入口处必备的构件，是分割有限空间的一种实体，它的作用是可以连接和关闭两个或多个空间的出入口； (2) 窗一般由窗框、玻璃和活动构件（铰链、执手、滑轮等）三部分组成
2	任务目标	(1) 完成本项目框架部分门窗的创建及绘制； (2) 完成本项目框架部分幕墙的创建及绘制
3	技能目标	(1) 掌握使用"门""窗"命令创建门、窗及门联窗； (2) 掌握使用"墙：建筑"命令创建幕墙和门联窗； (3) 掌握使用"全部标记"命令标记门构件和窗构件
4	相关图纸	建施-05、建施-06、建施-07

本节完成对应任务后，切换到默认三维视图，鼠标放在 ViewCube 上，点击右键，选择"定向到视图"→"楼层平面"→"楼层平面：首层"，按住 Shift 键，通过调整鼠标滚轮可将模型进行三维旋转查看。整体效果图如图 8-18 所示。

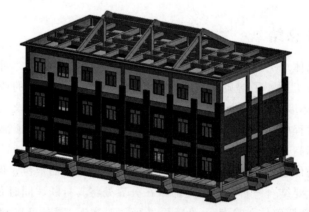

图 8-18

8.2.2　任务实施

本节主要介绍门窗及幕墙构件的绘制。门、窗是建筑设计中最常用的构件。Revit 软件提供了门、窗工具，用于添加项目中的门、窗图元。门、窗必须放置于墙、屋顶等主体图元上，这种依赖于主体图元而存在的构件称为"基于主体的构件"。因此，在绘制门窗之前，要将其依赖的主体图元布置完毕。同时，门、窗这些构件都可以通过创建自定义门窗族的方式创建。下面以本项目框架部分的门窗及幕墙的绘制为例讲解操作方法。

（1）创建门窗构件

1）首先建立门窗构件类型。在"项目浏览器"中展开"楼层平面"视图类别，双击"室内地坪"视图名称，进入"F1"楼层平面视图。单击"建筑"选项卡"构建"面板中的"门"工具，点击"属性"面板中的"编辑类型"，打开"类型属性"窗口，点击"载入"按钮，弹出"打开"窗口，找到提供的"建筑\门"族文件夹，点击"打开"命令，载入"单嵌板木门1"族到员工宿舍楼项目中，"类型属性"窗口中"族（F）"会自动更新为"单嵌板木门1"。点击"复制"按钮，弹出"名称"窗口，输入"A-M2-1000＊2100"，点击"确定"按钮关闭窗口。根据图纸"建施-03"中"门窗表及门窗详图"的信息，分别在"高度"位置输入"2100"，"宽度"位置输入"1000"，点击"确定"按钮，如图8-19～图8-22所示。

图 8-19

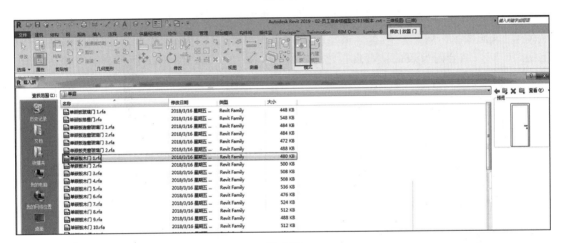

图 8-20

图 8-21

图 8-22

2）按照上述同样的方法，选择软件自带的"装饰木门"族，复制建立"M-1""M-3"构件，尺寸参考门窗表，如图8-23、图8-24所示。

图8-23   图8-24

3）按照同样的操作方法，根据"建筑"-"窗"族文件夹中给定的族文件，载入"上下拉窗1"复制建立"C-1"，载入"组合窗-双层三列（平开＋固定＋平开）-上部双扇"，复制建立"C-2"，结合门窗表信息，自行建立窗构件，如图8-25、图8-26所示。

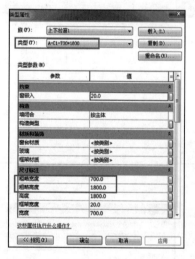
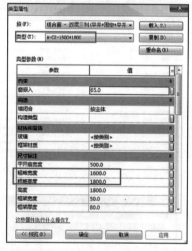

图8-25   图8-26

（2）放置门窗构件

1）定义完成后，开始布置构件。根据"建施-05"中"一层平面图"布置首层框架部分门构件。在"属性"面板中找到M-1，Revit软件自动切换至"修改|放置门"选项卡，激活"标记"面板中"在放置时进行标记"工具，"属性"面板中"底高度"设置为"50"。适当放大视图，移动鼠标定位在B轴、C轴与1轴墙位置，沿墙方向显示门预览，并在门两侧会显示距离尺寸标注，指示门边与轴线的距离。按照图示位置进行布置，放置时按键盘空格键可以反转门安装方向，布置如图8-27～图8-29所示。

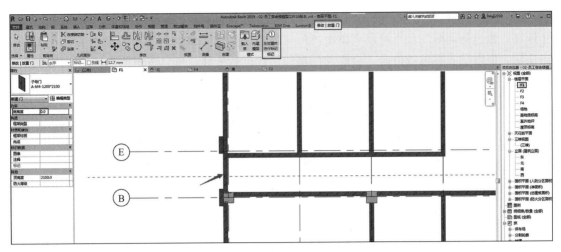

图 8-27

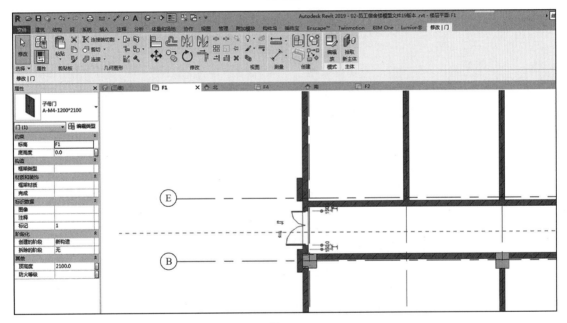

图 8-28

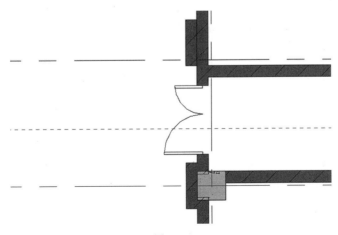

图 8-29

2) 调整门窗位置方法。将门窗布置到墙体上后，可以选中布置的门窗，会弹出临时尺寸标注，通过拖动标注端点可以调整距离门窗最近的轴线，临时尺寸标注信息会发生联动。当在输入框内输入距离数值时，会驱动门窗的位置进行平移，可以按照此方法进行门窗定位的调整，如图 8-30 所示。

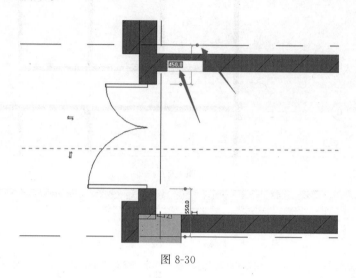

图 8-30

3) 按照上述方法完成首层其他门构件的布置，完成结果如图 8-31 所示。

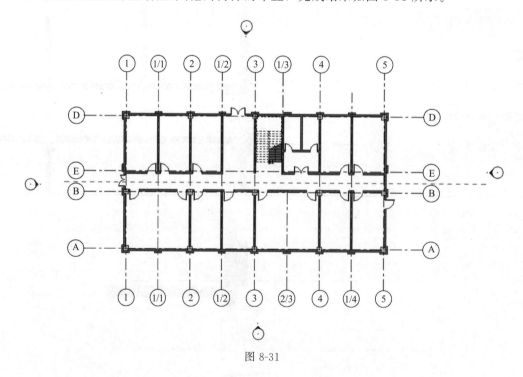

图 8-31

4) 绘制首层窗构件。绘制窗构件的方法与绘制门相同，按照上述操作方法，绘制首层框架部分的窗构件，注意设置"底高度"约束为"900"。绘制完成效果如图 8-32 所示。

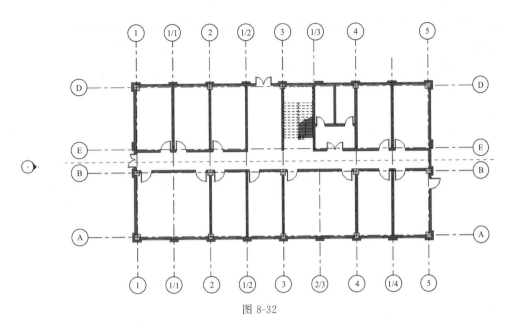

图 8-32

点击"默认三维视图",查看首层门窗绘制的效果,如图 8-33 所示。

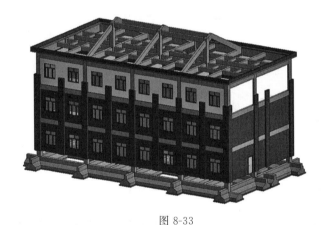

图 8-33

5)注意可以利用"复制""阵列""与选定的视图对齐"等命令进行门窗的快捷复制,当复制之后的门窗没有标记时,可以点击"注释"选项卡下"标记"面板中的"全部标记",选择"门标记"和"窗标记",点击确定,则会显示之前未标记门窗的标记信息,如图 8-34、图 8-35 所示。

6)绘制二层、三层门窗。按照上述同样操作方法,参照"建施-06""建施-07"图纸中门窗信息,完成二层及三层框架部分门窗构件的绘制。注意可以利用"复制""阵列""与选定的视图对齐"等命令进行门窗的快捷复制,复制完成后,如需替换构件,可以选中需要替换的图元,在左侧"属性"栏选择需要替换的构件。最后要检查所绘制门窗的"离地高度",进行调整设置,使之符合图纸要求。绘制完成如图 8-36、图 8-37 所示。

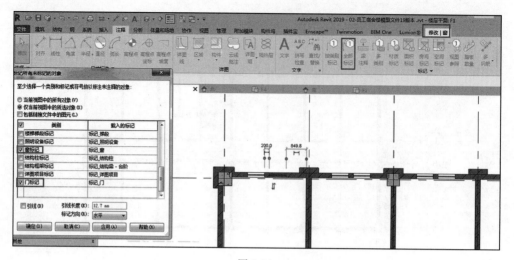

图 8-34

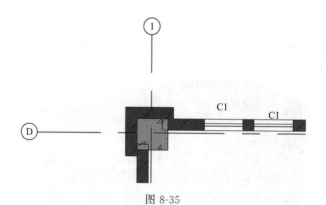

图 8-35

图 8-36

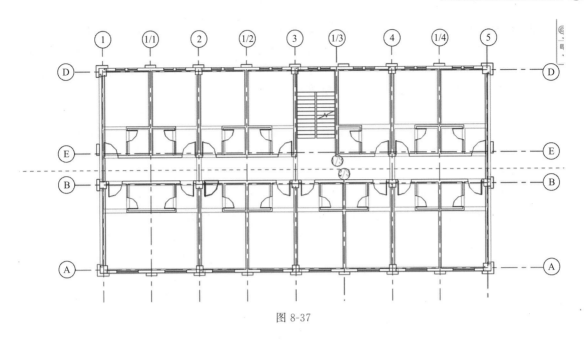

图 8-37

点击"默认三维视图"，查看绘制门窗整体效果，如图 8-38 所示。

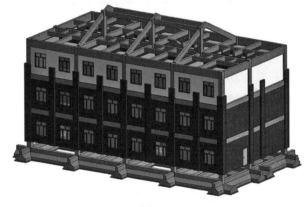

图 8-38

8.2.3　任务总结

（1）注意新建门窗时，一定要理清思路，结合建筑设计说明及门窗表，明确门窗构件属性信息。根据建筑平面施工图，了解门窗的具体定位信息。进入对应的楼层平面视图，根据"门""窗"创建门窗构件，可以利用软件已有的门窗构件复制新建族类型，也可以导入外部的门窗族文件复制新建族类型。修改门窗属性参数，需根据图纸信息定义每一个门窗构件，定义完成后，根据图示位置进行放置，放置过程中要设置门窗的"标高"和"底高度"信息，结合立面图门窗的离地高度及楼层标高的信息，确保门窗放置标高及高度正确。

（2）门窗放置过程中，可以点击"在放置时进行标记"，如果之前没有进行标记，也可以通过"注释"选项卡下"标记"面板中的"全部标记"，勾选"门标记""窗标记"类别，统一进行标记。

（3）绘制门窗构件过程中，要先绘制其位置处的墙体构件，否则无法绘制门窗。将门窗布置到墙体上后，可以选中布置的门窗，会弹出临时尺寸标注，将标注端点的圆圈进行拖动，临时尺寸标注信息会发生联动。当在输入框内输入距离数值时，会驱动门窗的位置进行平移，改变门窗在墙体中的定位。在绘制过程中同时可以利用"移动""复制""阵列""镜像"等工具命令快速放置门窗，提高建模效率。

（4）绘制门窗过程中，可以利用"复制到剪贴板""与选定的视图对齐"等命令将放置的图元进行层间复制，复制后根据图示信息统一修改"标高"和"底高度"等信息，如需修改替换其他构件，先选中放置后的图元，可以直接在"属性"栏下拉选项选择其他构件，完成图元的替换。

（5）注意绘制门窗过程中，利用"过滤器"进行选择，结合"临时隐藏/隔离"控制，使显示的内容只包括柱、轴网及墙体，会让绘制门窗的过程更加清晰。

（6）创建幕墙的方法，也是利用在"建筑"选项卡中"墙：建筑"，在"属性"中点击编辑类型后，下拉族选择"系统族-幕墙"，复制新建幕墙构件类型，定义参数属性。然后在左侧"属性"栏中设定幕墙的"底部约束""底部偏移""顶部约束"和"顶部偏移"，选择绘制方式，根据图示位置进行幕墙的绘制即可。绘制完成后，可以利用"幕墙网格"工具在立面视图下对幕墙的嵌板划分情况，以及嵌板族和类型进行选择与修改。

8.3　室内装修及外墙面装修的创建

8.3.1　章节概述

本节主要阐述如何进行装修构件创建与绘制，读者通过本节内容的学习，重点需要掌握如何创建室内装修各类构件及外墙面装修构件并对其进行绘制，熟悉相关操作，本节学习目标如表8-3所示。

表8-3　室内装修及外墙面装修创建的内容及学习目标

序号	模块体系	内容及目标
1	业务拓展	装修构件一般包含楼地面、踢脚线、内墙面、顶棚、外墙面的装修
2	任务目标	（1）完成本项目框架部分室内装修的创建及布置； （2）完成本项目框架部分外墙面装修的创建及布置
3	技能目标	（1）掌握使用"编辑部件"命令创建楼地面、顶棚、外墙面； （2）掌握使用"墙：饰条"命令创建踢脚线及内墙面； （3）掌握各类装修构件的绘制方法及细部处理
4	相关图纸	建施-02、建施-05

本节完成对应任务后，整体效果图如图8-39所示。

8.3.2　任务实施

本节主要介绍各类装修构件的绘制。Revit软件中基本没有专门绘制各类装修构件的命令，但是Revit软件提供了强大的"编辑部件"功能，可以利用各结构层的灵活定义来反映构件的装修做法，以达到精细化设计的目的。下面对装修做法表中"楼地面""踢脚线""内墙面""顶棚"以及立面图中的"外墙面"装修构件进行逐一讲解。

（1）创建绘制楼地面装修　根据本项目的特点，首层楼板的创建方法反映在室内装修做

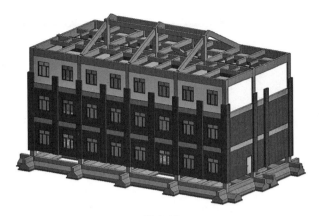

图 8-39

法表中,也就是装修做法表中的楼地面。根据房间使用功能不同,分别对楼地面的装修做法进行了描述(具体做法参见"建施-2"中"室内装修做法表")。下面以"办公室"房间为例,利用"编辑部件"命令讲解楼地面的创建方法。对于楼地面构件而言,一般首层按地面做法,二层及以上按楼面做法。

1)首先建立地面(办公室)构件类型。在"项目浏览器"中展开"楼层平面"视图类别,双击"F1"视图名称,进入"F1"楼层平面视图。单击"结构"选项卡"结构"面板中的"楼板"下拉选项下的"楼板-结构"工具,点击"属性"面板中的"编辑类型",打开"类型属性"窗口,点击"复制"按钮,弹出"名称"窗口,输入"地面(办公室)",点击"确定"按钮关闭窗口,如图 8-40 所示。

点击"结构"右侧"编辑"按钮,进入"编辑部件"窗口。要创建正确的地面类型,必须设置正确的地面厚度、做法、材质等信息。在"编辑部件"的"功能"列表中提供了7种楼板功能,即"结构[1]""衬底[2]""保温层/空气层[3]""面层1[4]""面层2[5]""涂膜层"(通常用于防水涂层,厚度必须为0)"压型板[1]"。这些功能可以

图 8-40

定义楼板结构中每一层在楼板中所起的作用。需要额外说明的是,Revit 功能层之间是有关联关系和优先级关系的,例如"结构[1]"表示当板与板连接时,板各层之间连接的优先级别(方括号中的数字越大,该层的连接的优先级越低),如图 8-41 所示。

下面依据地面(办公室)的装修做法在 Revit 中进行匹配设置。根据"建施-02"及查询图集得知"办公室"地面做法信息,修改"结构[1]"的"厚度"为"60",材质修改为"混凝土-现场浇筑混凝土-C15",选择第二行,然后点击"插入"按钮 2 次,新插入的层默认厚度为"0.0",功能为"结构[1]"。选择第二行,单击"向上"按钮 1 次,变成第一行,在功能下拉列表中修改为"面层2[5]",材质复制修改为"水泥砂浆","厚度"修改为"20"。选择第三行,单击"向上"按钮一次,变成第二行,在功能下拉列表中修改为"衬底[2]",材质修改为"水泥砂浆","厚度"修改为"30"。设置完成后点击"确定"按钮,关闭"编辑部件"窗口,如图 8-42 所示。

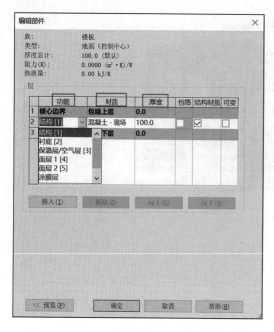

图 8-41

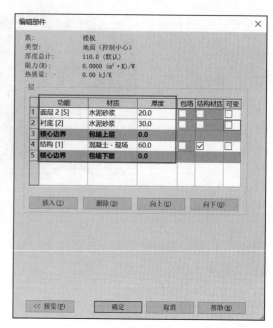

图 8-42

2）地面（办公室）构件定义完成后，开始布置构件。在"属性"面板设置"标高"为"室内结构地面"，"自标高的高度偏移"为"0"，Enter 键确认。"绘制"面板中选择"矩形"方式，选项栏中"偏移量"设置为"0"，根据"建施-05"中"一层平面图"找到办公室位置（在左上角区域）再绘制矩形框，绘制完成后单击"模式"面板中的"绿色对勾"，完成办公室地面构件的放置。过程中会弹出载入跨方向族窗口，点击"否"即可。如图 8-43、图 8-44 所示。

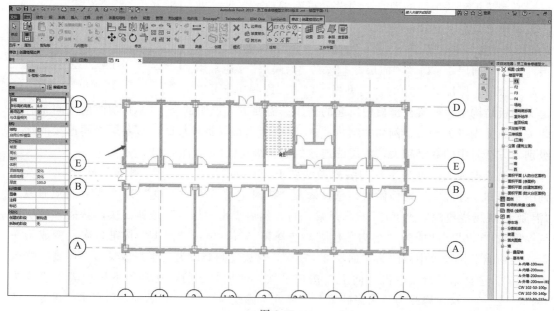

图 8-43

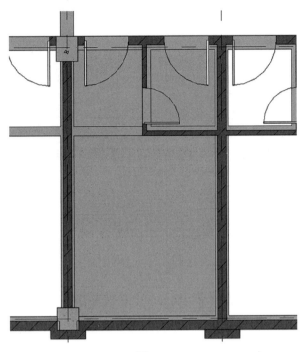

图 8-44

3）按照同样的方法创建"卫生间""配件仓库""值班室""门卫室""员工宿舍""活动室""图书室""其他房间"的地面做法，结合"建施-2"及图集信息，创建过程如图 8-45～图 8-49 所示。

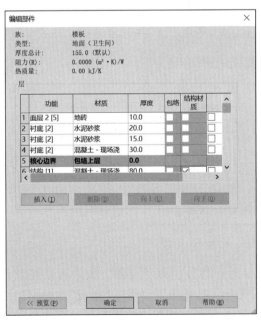

图 8-45

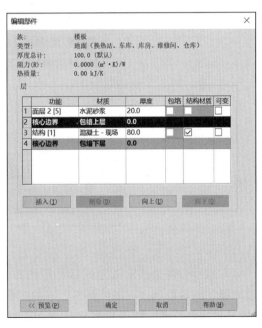

图 8-46

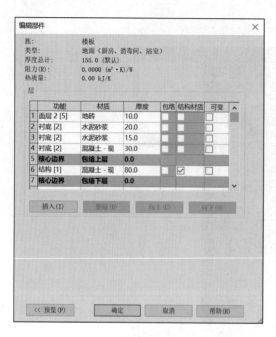

图 8-47

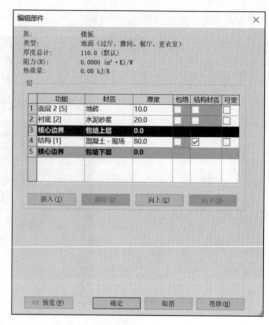

图 8-48

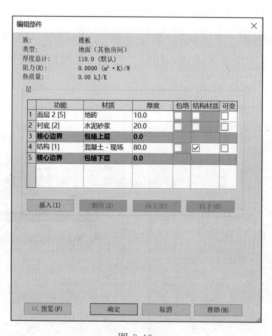

图 8-49

　　4）地面构件全部定义完成后，开始布置首层地面构件。为了绘图方便，可以先使用"过滤器"工具以及"视图控制栏"下的"隐藏图元"工具将除了"墙""楼板""轴网"之外的其他构件隐藏，然后根据"建施-05"中"一层平面图"在相应位置布置地面构件。布置方法同前讲解，布置完成后效果如图 8-50 所示。

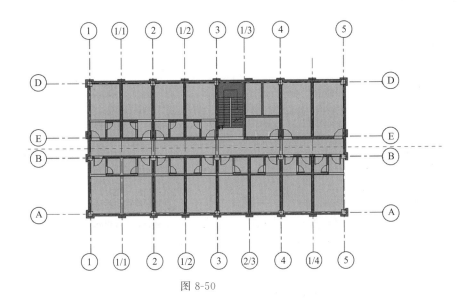

图 8-50

同时可以控制整个剖面框的剖切位置，调整顶面向下移动，使首层内部剖切可见，如图 8-51 所示。

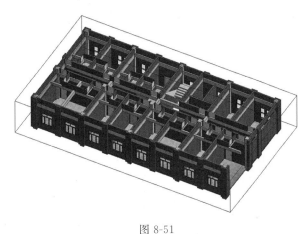

图 8-51

5）注意前面讲解结构建模过程中，对于二层及三层的结构板构件都已经进行了绘制，但是楼面装修时根据房间布局不同而进行个性化装修，所以要实现"建施-02"中"室内装修做法表"中不同房间楼面的装修做法，按照以下方法进行：先定义二层及三层所有的楼面构件，选择之前绘制的结构板，按照所处位置房间的楼面属性进行构件的替换即可。二层及以上楼面构件的创建方法同地面，结合"建施-02"和图集做法，定义各层楼面构件，如图 8-52～图 8-54 所示。

对二层的楼板进行替换，切换到"F2"楼层平面视图，将 4.200 标高处的"S-楼板-120mm""S-楼板-100mm"所有图元选中，在"属性"下拉选项中选择"楼面（其他房间）"，然后设置标高为"F2"；将两块楼梯休息平台板选中，在"属性"下拉选项中选择"楼面（其他房间）"，然后设置标高为"F3"，"自标高的高度偏移"为"－2100"；将楼梯间右侧的卫生间选中，在"属性"下拉选项中选择"楼面（卫生间）-140 楼板"，然后设置标高为"F2"，"自标高的高度偏移"为"－80"，如图 8-55～图 8-59 所示。

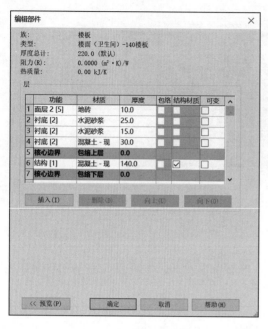

图 8-52

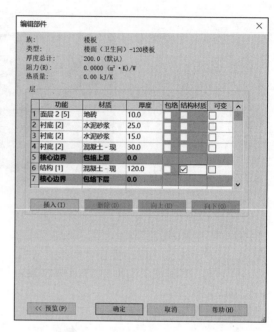

图 8-53

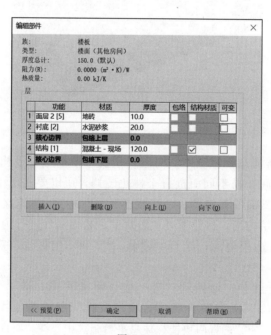

图 8-54

图 8-55

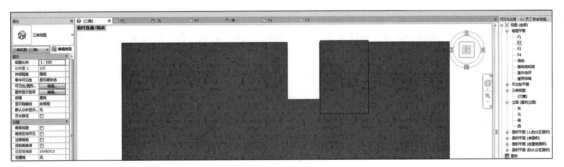

图 8-56

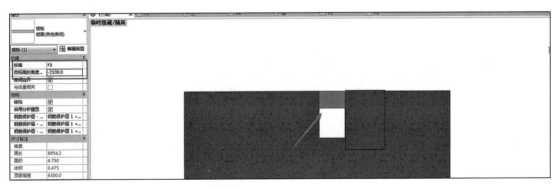

图 8-57

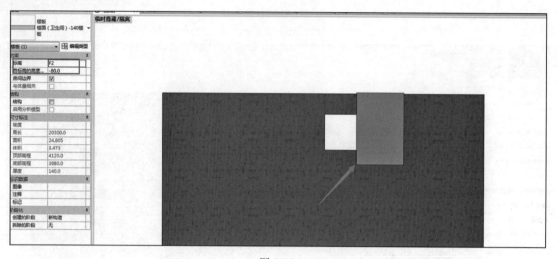

图 8-58

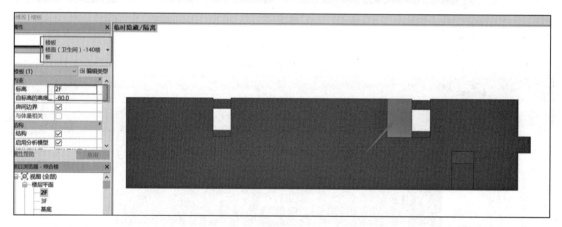

图 8-59

二层楼面装修构件替换绘制完毕，点击默认三维视图，通过定位到"F2"楼层进行三维剖切查看，如图 8-60 所示。

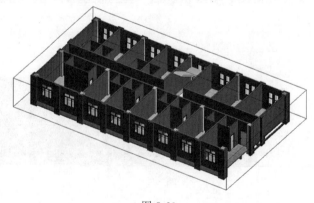

图 8-60

按照上述操作方法，完成三层楼面装修构件的绘制，点击默认三维视图，通过定位到"F3"楼层进行三维剖切查看，如图 8-61 所示。

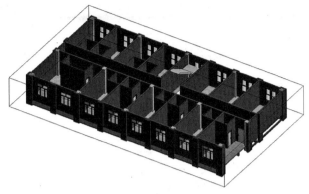

图 8-61

（2）创建绘制踢脚线装修　Revit 软件中没有专门绘制踢脚线构件的命令，可以使用"墙：饰条"功能来放置踢脚线，也可以使用墙功能单独创建踢脚线构件。因为之前建模过程中已经绘制了墙体，为了操作快捷，下面讲解使用"墙-饰条"功能创建踢脚线的操作方法。

1）首先创建踢脚线轮廓。查阅"室内装修做法表"及图集，可知踢脚线的组成材质共分为 4 种：17mm 厚 1：3 水泥砂浆、10mm 厚面砖、15mm 厚水泥砂浆、10mm 厚水泥砂浆抹面。踢脚线高度除了踢 21 为 100mm，其他都为 150mm。点击"应用程序"菜单按钮，在列表中选择"新建 -族"选项，以"公制轮廓.rft"族样板文件为族样板，进入轮廓族编辑模式，如图 8-62、图 8-63 所示。

图 8-62

图 8-63

单击"创建"选项卡"详图"面板中的"直线"工具，参照相关尺寸绘制首尾相连且封闭的踢脚线截面轮廓。单击保存按钮，将创建的族分别命名为"17 厚水泥砂浆-踢脚线-100""10 厚面砖-踢脚线-100""17 厚水泥砂浆-踢脚线-150""10 厚面砖-踢脚线-150""15 厚水泥砂浆-踢脚线-150""10 厚水泥砂浆抹面-踢脚线-150"，将所有的族文件进行保存。点击"族编辑器"面板中的"载入到项目"按钮，将轮廓族载入到本项目中，如图 8-64～图 8-69 所示。

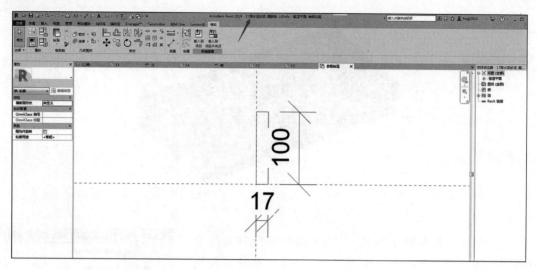

图 8-64

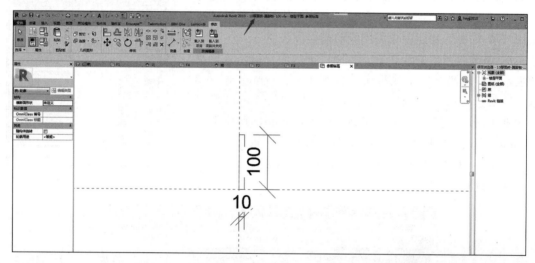

图 8-65

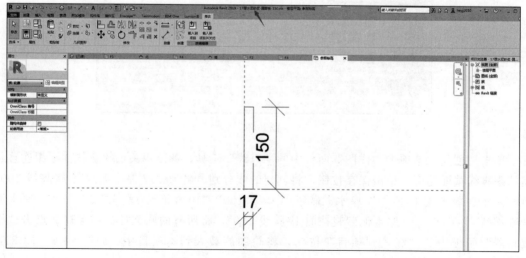

图 8-66

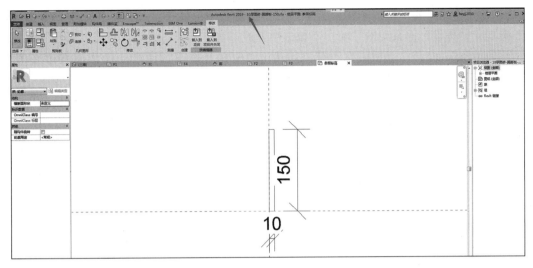

图 8-67

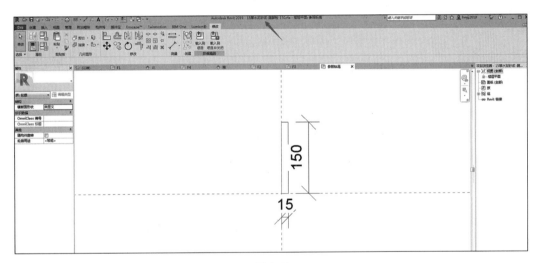

图 8-68

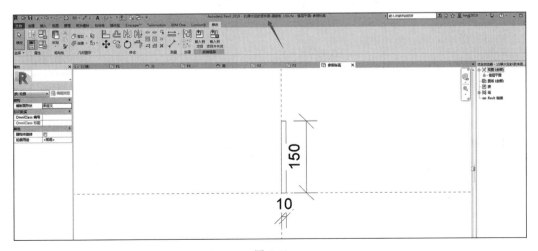

图 8-69

2) 创建不同材质的墙饰条构件。切换到员工宿舍楼项目中，在三维视图下，单击"建筑"选项卡"构件"面板中的"墙"下拉选项下的"墙：饰条"工具，点击"属性"面板中的"编辑类型"，打开"类型属性"窗口，点击"复制"按钮，创建"17厚水泥砂浆-踢脚线-100"。在"轮廓"右侧选择"17厚水泥砂浆-踢脚线-100"，在"材质"右侧选择"水泥砂浆"，"剪切墙"和"被插入对象剪切"默认勾选（所有踢脚都勾选）；继续创建"10厚面砖-踢脚线-100"，在"轮廓"右侧选择"10厚面砖-踢脚线-100"，在"材质"右侧选择"面砖"；创建"17厚水泥砂浆-踢脚线-150"，在"轮廓"右侧选择"17厚水泥砂浆-踢脚线-150"，在"材质"右侧选择"水泥砂浆"；创建"10厚面砖-踢脚线-150"，在"轮廓"右侧选择"10厚面砖-踢脚线-150"，在"材质"右侧选择"水泥砂浆"；创建"15厚水泥砂浆-踢脚线-150"，在"轮廓"右侧选择"15厚水泥砂浆-踢脚线-150"，在"材质"右侧选择"水泥砂浆"；创建"10厚水泥砂浆抹面-踢脚线-150"，在"轮廓"右侧选择"10厚水泥砂浆抹面-踢脚线-150"，在"材质"右侧选择"水泥砂浆"，如图8-70～图8-76所示。

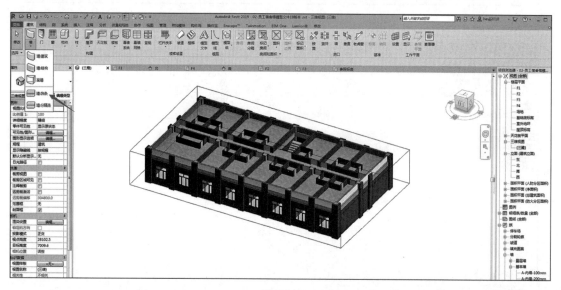

图 8-70

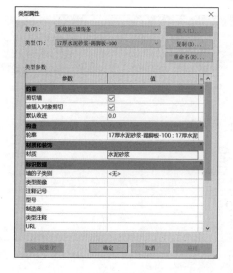

图 8-71

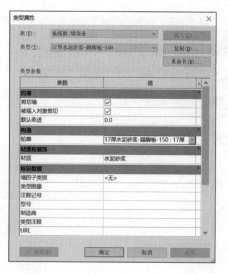

图 8-72

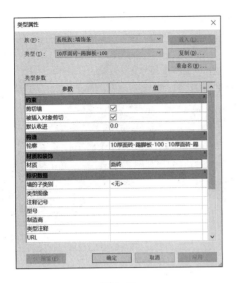

图 8-73

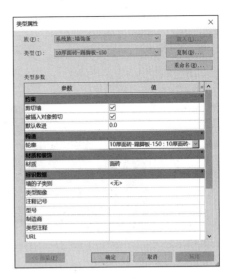

图 8-74

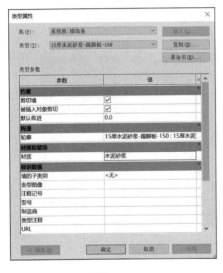

图 8-75

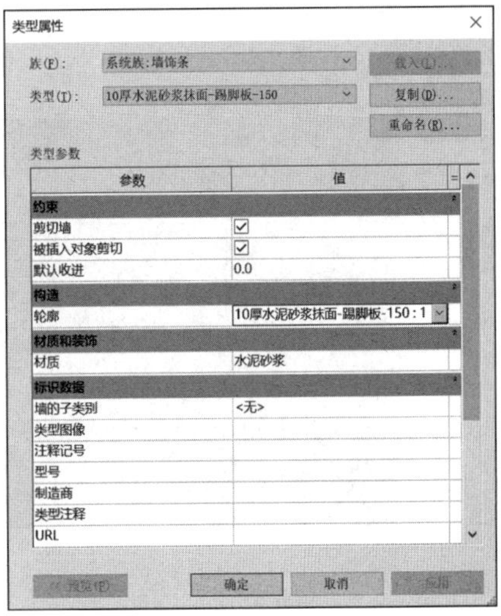

图 8-76

3）绘制踢脚线。创建完墙饰条构件后，开始给墙布置踢脚线。先以布置首层"办公室"位置踢脚线构件为例，为了布置方便，将模型切换到三维模型视图，鼠标放在 ViewCube 上，点击右键，选择"定向到视图"→"楼层平面"→"楼层平面：F1"，按住 Shift 键，可转动鼠标滚轮将模型进行三维旋转，旋转到合适视角便于布置墙饰条。"办公室"位置踢脚线做法为"15 厚水泥砂浆-踢脚线-150"与"10 厚水泥砂浆-踢脚线-150"，且"10 厚水泥砂浆-150"在外侧。在"墙：饰条"的"属性"面板构件类型中找到"10 厚水泥砂浆-踢脚线-150"，"放置"面板中选择"水平"，鼠标移动到"办公室"位置的墙下侧单击，沿所拾取墙底部边缘生成 10mm 外侧的墙饰条。选择 10mm 外侧的墙饰条，在"属性"面板中设置"与墙的偏移"为"15"（为了保证在布置 15mm 内侧的墙饰条时不会与 10mm 外侧的墙饰条重叠），如图 8-77 所示。

选择刚布置的 10mm 外侧的墙饰条，将其隐藏。继续在"墙：饰条"的"属性"面板构件类型中找到"15 厚水泥砂浆-踢脚线-150"，"放置"面板中选择"水平"，鼠标再次移动到"办公室"

位置的墙下侧单击，沿所拾取墙底部边缘生成 15mm 内侧的墙饰条，如图 8-78 所示。

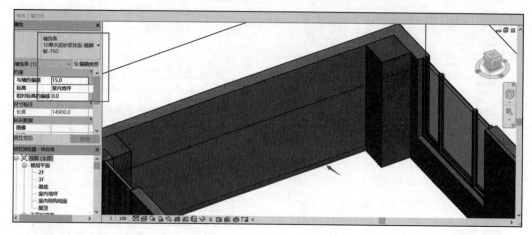

图 8-77

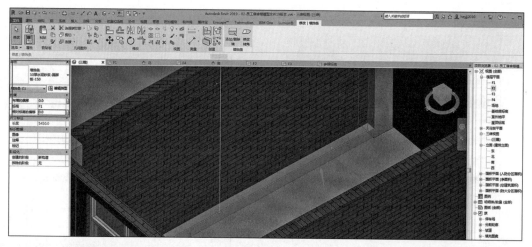

图 8-78

将 10mm 外侧的墙饰条与 15mm 内侧的墙饰条同时显示，切换到俯视图并放大，布置踢脚线的位置，如图 8-79 所示。

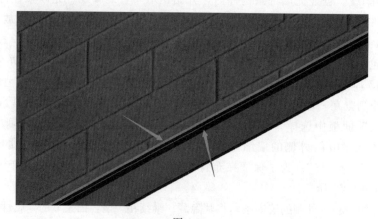

图 8-79

　　按照上述同样的操作与方法，结合"建施-2"和图集做法信息，完成本项目框架部分首层到三层所有墙体的踢脚线，如果墙体是连续通长绘制的，需要利用"拆分图元"打断墙体，因过程内容重复且较多，具体过程不再阐述，最终完成后点击"保存"按钮保存项目。

　　（3）创建绘制内墙面装修　Revit软件中没有专门绘制内墙面构件的命令，可以使用"墙-饰条"功能来放置内墙面，也可以使用"编辑部件"的功能来创建内墙面。读者可以根据自己的喜好自行选择方法。

　　查阅"建施-2"中"室内装修做法表"可知，内墙面根据房间不同做法不一。同时查阅图集可以具体了解每种内墙面的做法，但是在前面建模过程中，绘制墙构件没有考虑房间分隔，基本都是通长创建的，所以如果想完全按照"室内装修做法表"通过房间分隔来创建内墙面，则需要对已经绘制的内墙构件进行打断处理（使用"修改"面板中的"拆分图元"工具即可）。内墙构件根据房间分隔进行打断处理的操作步骤不再赘述。

　　因使用"编辑部件"方法在前面已经讲解，故操作过程不再赘述，读者根据前面所学内容自行完成内墙面装修的绘制。完成后点击"保存"按钮，保存工程项目。

　　（4）创建绘制顶棚装修　Revit软件中可以使用"天花板"命令创建顶棚构件，也可以使用"编辑部件"的功能来创建顶棚。查阅"建施-2"中"室内装修做法表"及图集信息，可以直接在楼板底面进行抹灰或粉刷，在原有绘制结构板的基础上，利用"编辑部件"功能进行顶棚装修的完善。

　　可以点击"结构"选项卡"结构"面板中的"楼板"下拉选项下的"楼板：结构"工具，在"属性"面板中找到楼地面的构件类型，在其基础上进行复制，创建带顶棚装修材质的构件类型（重新创建可以保留原始楼面构件类型，以便根据不同需求将模型灵活切换为不同形式模型）。以"楼面（其他房间）-带顶棚"为例，创建过程如图8-80所示。

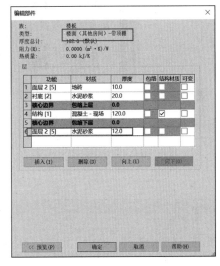

图 8-80

　　同样可以按照以上方法新建带顶棚的其他楼面装修构件。但要注意在跨层结合图纸分析时，要明确跨层之间房间的对应。如首层的"办公室"的顶棚构件应该在其上层底部楼板处进行"编辑部件"体现，而对应的同一位置的楼面在二层为"办公室"。因此在绘制楼地面及顶棚构件时，建议将房间分隔后进行绘制，后期布置顶棚构件时，会更加精准。

　　绘制顶棚过程中，可以选中原来不带顶棚构件的楼地面，然后直接在左侧"属性"选择带"顶棚"构件的楼地面进行切换，切换的同时要注意修改"标高"和"自标高的高度偏移"等信息。

　　因调整及绘制方法同前所学内容讲解，故操作过程不再赘述，读者自行完成顶棚装修构件的创建及绘制，完成后点击"保存"按钮，保存工程项目。

　　（5）创建外墙面装修　创建外墙面装修方法同内墙面，可以通过使用"编辑部件"命令及"墙：饰条"命令实现外墙面的创建布置。由于本项目要求统一按照外墙面使用"聚苯乙烯"做保温、"灰白色花岗岩"做外立面，厚度分别按10mm厚和20mm厚。在前面结构创建中外墙已经建立模型，现在只需要在原有外墙模型基础上加上保温和外墙装修做法即可。因为外墙面只有对室外的一面，不用考虑房间分隔，所以外墙面装修可以使用Revit软件的"编辑部件"功能进行创建。

1）创建带外墙面装修的外墙构件。可以在原有外墙构件类型基础上，创建"A-外墙-加气混凝土砌块-250-带墙面"构件的做法（重新创建可以保留原始外墙构件类型，以便根据不同需求将模型灵活切换为不同形式模型）。创建过程如图8-81。

2）通过利用"临时隐藏/隔离"，在三维视图下，显示所有外墙构件，然后拉框选中所有外墙，在左侧"属性"下拉选择"A-外墙-200mm"的构件进行替换，如图8-82、图8-83所示。

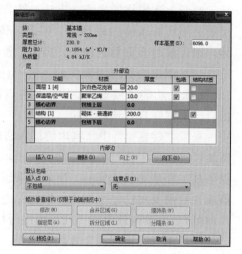

图 8-81

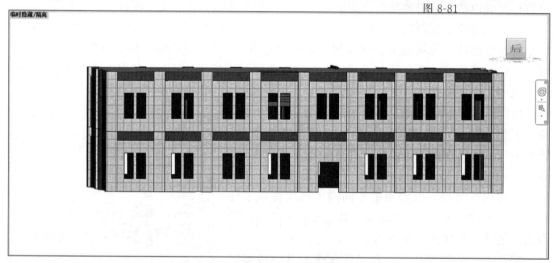

图 8-82

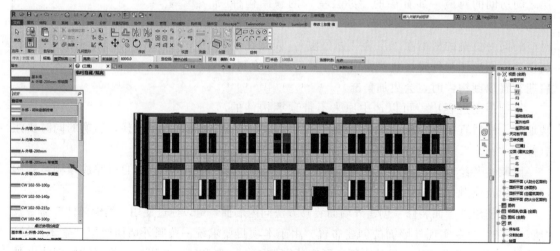

图 8-83

完成外墙面绘制后，点击默认三维视图，查看整体三维效果，如图 8-84 所示。

图 8-84

3）至此完成外墙面的布置，点击"保存"按钮，保存工程项目。

8.3.3　任务总结

（1）注意创建绘制装修构件前，要根据建筑设计说明中的装修做法表以及相关图集做法来绘制，明确每个房间所包含的装修构件以及每一类装修构件的具体做法。

（2）楼地面装修构件的创建，可以利用"编辑部件"功能，在结构楼板中进行编辑。将具体做法通过"结构"中进行"编辑"，插入不同层做法，体现到结构板构件中。可以将原不带楼地面的结构板进行替换，也可以重新删除进行绘制。

（3）踢脚线装修构件的创建，可以利用"墙-饰条"功能，需要在 Revit 中进行踢脚线"轮廓族"的建立，或者导入外部已有的族进行修改。全部载入到项目后，在项目中的三维视图下，通过建立"墙：饰条"，轮廓选择载入到项目中具体的踢脚线轮廓，根据内外层的顺序及划分，在三维状态下，选择对应的墙体部位进行直接绘制即可。如果墙体是连续布置，但需要按房间分隔布置踢脚线，需要先将墙体进行拆分打断。

（4）内墙面装修构件的创建，可以利用"编辑部件"命令替换原内墙构件，也可以利用"墙：饰条"命令，创建内墙面装修的"轮廓族"，载入到项目进行"墙：饰条"的绘制。

（5）顶棚装修构件的创建，可以利用"天花板"功能进行创建，需要输入标高信息。也可以利用"编辑部件"的命令，直接对结构板进行编辑修改，对已绘制的楼板进行替换，或删除重新进行绘制。

（6）外墙面装修构件的创建与内墙面相同，需结合图纸要求进行分析定义。

（7）使用所学的各类快捷命令及方法，对绘制的各类装修构件学会细部处理，无论在之前建模是否绘制过类似构件，都要学会根据图纸要求灵活调整，包括边界、重叠、错层等情况，以及进行图元替换或重新进行绘制。

8.4 台阶的创建

8.4.1 章节概述

本节主要阐述如何进行台阶构件创建与绘制，读者通过本节内容的学习，需要重点掌握如何创建台阶构件并进行绘制，熟悉相关操作，本节学习目标如表 8-4 所示。

表 8-4 台阶创建内容及学习目标

序号	模块体系	内容及目标
1	业务拓展	台阶多在大门前或坡道，是用砖、石、混凝土等筑成的阶梯供人上下的构筑物，起到室内外地坪连接的作用
2	任务目标	完成本项目框架部分台阶构件的创建及布置
3	技能目标	掌握使用"楼板：建筑"命令创建台阶
4	相关图纸	建施-05、建施-10

本节完成对应任务后，整体效果图如图 8-85 所示。

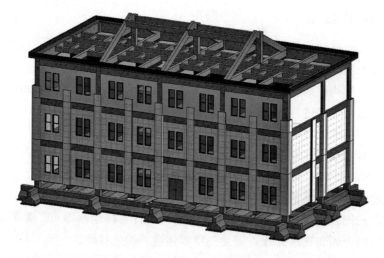

图 8-85

8.4.2 任务实施

本节主要介绍台阶构件的绘制。在 Revit 软件中，室外台阶可以使用建筑板绘制方式来拼凑组建台阶。下面对台阶构件的创建进行介绍。

（1）创建台阶构件

1）首先在"项目浏览器"中展开"楼层平面"视图类别，双击"F1"视图名称，进入"F1"楼层平面视图。为了绘图方便，先用"过滤器"工具过滤掉"结构柱、墙、轴网"，再用"视图控制栏"下的"隐藏图元"工具隐藏其他构件，如图 8-86 所示。

2）查看"建施-05""建施-10"图纸，可知台阶高度为 150mm。点击"建筑"选项卡"构建"面板中的"楼板"下拉选项下的"楼板：建筑"工具，点击"属性"面板中的"编辑类型"，打开"类型属性"窗口，点击"复制"按钮，弹出"名称"窗口，输入"室外台阶板-150"，点

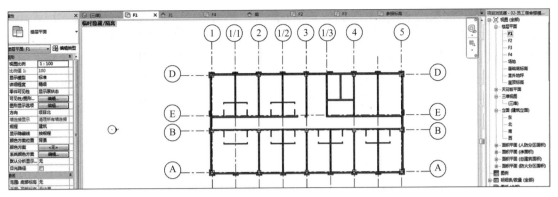

图 8-86

击"确定"按钮关闭窗口。点击"结构"右侧"编辑"按钮,进入"编辑部件"窗口,修改"结构〔1〕"的"厚度"为"150",点击"结构〔1〕"→"材质"→"按类别",进入"材质浏览器"窗口,选择"混凝土-现场浇注混凝土-C15",点击"确定"关闭窗口,再次点击"确定"退出"类型属性"窗口,至此属性信息修改完毕,如图 8-87~图 8-89 所示。

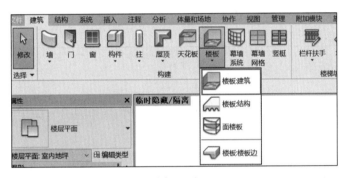

图 8-87

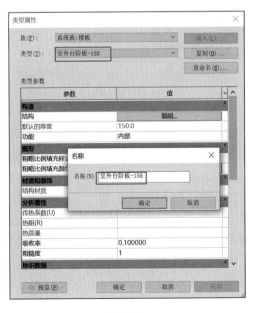

图 8-88

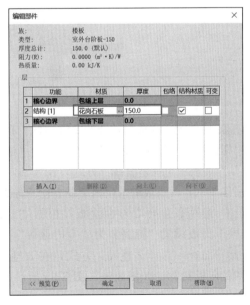

图 8-89

（2）绘制台阶构件

1）继续布置第三阶台阶板。根据"建施-3"中"一层平面图"布置室外台阶板。在"属性"面板设置"标高"为"室内地坪"，"自标高的高度偏移量"为"－300"，Enter 键确认。"绘制"面板中选择"直线"方式，在 3 轴向右偏移 600mm、1/2 轴向左偏移 600mm、D 轴向上偏移 2350mm 围成的范围内绘制台阶板轮廓，如图 8-90、图 8-91 所示。

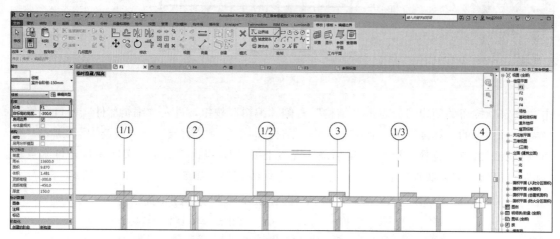

图 8-90

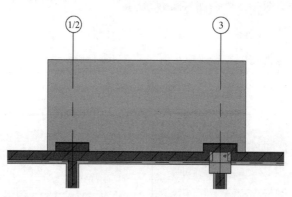

图 8-91

2）构件定义完成后，开始布置构件。根据"建施-3"中"一层平面图"布置室外台阶板。在"属性"面板设置"标高"为"F1"，"自标高的高度偏移量"为"－150"，Enter 键确认。"绘制"面板中选择"直线"方式，在 3 轴向右偏移 300mm、1/2 轴向左偏移 300mm、D 轴向上偏移 2050mm 围成的范围内绘制台阶板轮廓，如图 8-92、图 8-93 所示。

3）继续布置第二阶台阶板。根据"建施-3"中"一层平面图"布置室外台阶板。在"属性"面板设置"标高"为"室内地坪"，"自标高的高度偏移量"为"0"，Enter 键确认。"绘制"面板中选择"直线"方式，在 3 轴、1/2 轴、D 轴向上偏移 1750mm 围成的范围内绘制台阶板轮廓，如图 8-94、图 8-95 所示。

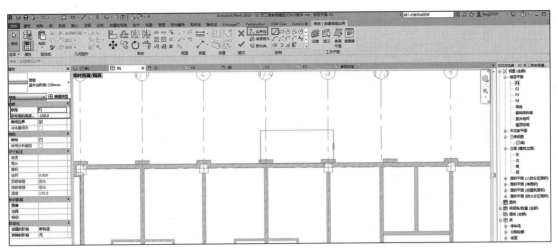

图 8-92

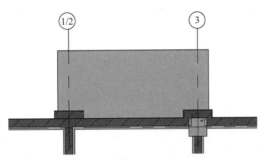

图 8-93

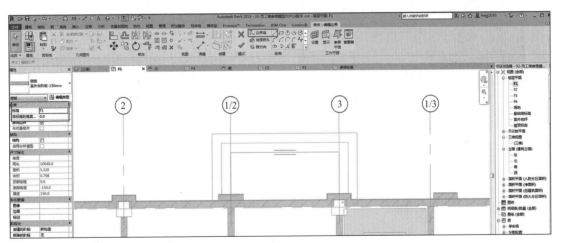

图 8-94

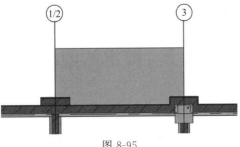

图 8-95

4）点击默认三维视图，查看三维效果，如图 8-96 所示。

图 8-96

5）结合"建施-05"图纸分析，继续按照上述操作方法绘制完成其他位置台阶，完成如图 8-97、图 8-98 所示。

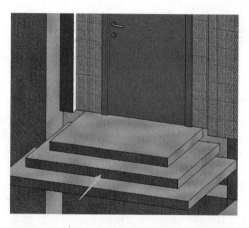

图 8-97

图 8-98

6）至此完成台阶的布置，点击"保存"按钮，保存工程项目。

8.4.3　任务总结

（1）台阶的创建及绘制方法同绘制板构件，可以利用"楼板：建筑"创建并进行绘制。

（2）绘制台阶时，注意结合图纸位置，明确台阶高度属性及标高，可以分层进行绘制，将多块台阶板叠合在一起形成台阶。

8.5　散水的创建

8.5.1　章节概述

本节主要阐述如何进行散水构件创建与绘制，读者通过本节内容的学习，需要重点掌握如何进行散水构件创建并进行绘制，熟悉相关操作，本节学习目标如表 8-5 所示。

表 8-5　散水创建内容及学习目标

序号	模块体系	内容及目标
1	业务拓展	散水是与外墙勒脚垂直交接倾斜的室外地面部分，可起到迅速排走附近积水，避免雨水冲刷或渗透到地基，防止基础下沉，提高房屋耐久性的作用
2	任务目标	完成本项目框架部分散水构件的创建及绘制
3	技能目标	（1）掌握使用"轮廓族"命令创建散水族； （2）掌握使用"墙饰条"命令沿墙布置散水构件； （3）掌握使用"修改转角""连接几何图形"命令完善散水构件
4	相关图纸	建施-04

本节完成对应任务后，整体效果图如图 8-99 所示。

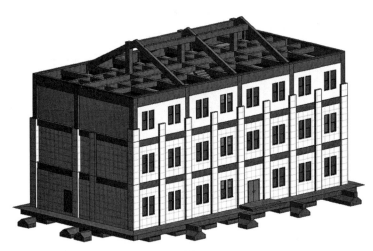

图 8-99

8.5.2　任务实施

（1）首先建立散水轮廓族。创建方法同"踢脚线"讲解方法，点击"应用程序菜单"按钮，在列表中选择"新建-族"选项，以"公称轮廓.rft"族样板文件为族样板，进入轮廓族编辑模式，如图 8-100、图 8-101 所示。

（2）点击"创建"选项卡"详图"面板中的"直线"工具，参照相应尺寸绘制首尾相连且封闭的散水截面轮廓。单击保存按钮，将该族命名为"1200 宽室外散水轮廓"，点击"族编辑器"面板中的"载入到项目中"按钮，将轮廓族载入到员工宿舍楼项目中，如图 8-102 所示。

图 8-100

图 8-101

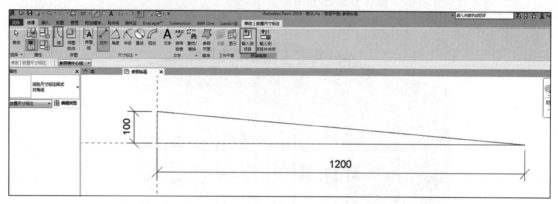

图 8-102

（3）点击"快速访问栏"中三维视图按钮，切换到三维视角，按 Shift 键，并转动鼠标滚轮，使模型旋转到合适位置，在三维状态下布置散水构件。点击"建筑"选项卡"构建"面板中的"墙"，下拉选择"墙：饰条"工具，点击"属性"面板中的"编辑类型"，打开"类型属性"窗口。点击"复制"按钮，弹出"名称"窗口，输入"1200 宽室外散水"，点击"确定"按钮关闭窗口。勾选"被插入对象剪切"选项（即当墙饰条遇到门窗洞口位置时自动被洞口打断），修改"轮廓"为"1200 宽室外散水"，修改"材质"为"混凝土-现场浇筑混凝土-C15"。点击"确定"按钮，退出"类型属性"窗口，如图 8-103 所示。

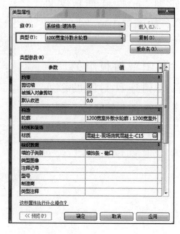

图 8-103

（4）可以利用临时隐藏，只显示首层墙体部分。选择"放置"面板中墙饰条的生成方式为"水平"（即沿墙水平方向生成墙饰条）。在三维视图中，分别点击外墙底部边缘，沿所拾取墙底部边缘生成散水，如图 8-104 所示。

图 8-104

（5）选中绘制好的散水构件，查看"属性"栏，设定标高为"F1"，设定偏移为"－350"，如图 8-105 所示。

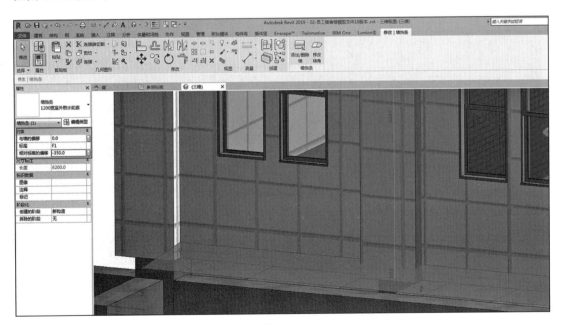

图 8-105

（6）按照上述操作方法，在其他位置绘制散水构件，也可以在三维状态下选择散水边缘处蓝点进行拖动绘制，完成效果如图 8-106 所示。

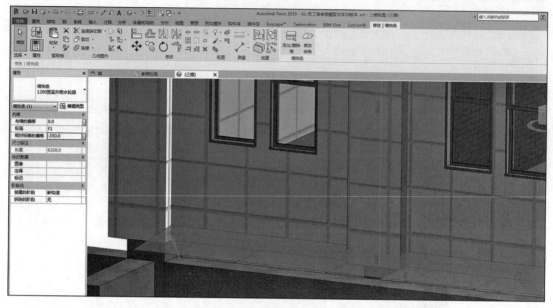

图 8-106

（7）调整散水转角。绘制完所有外墙散水后，在转角处未进行有效连接。先切换到平面视图下，需要选中其中一段散水，自动进入"修改｜墙饰条"选项卡，点击"墙饰条"面板中的"修改转角"，然后再点击散水的边缘处，自动进行散水的转角连接，如图 8-107～图 8-110 所示。

图 8-107

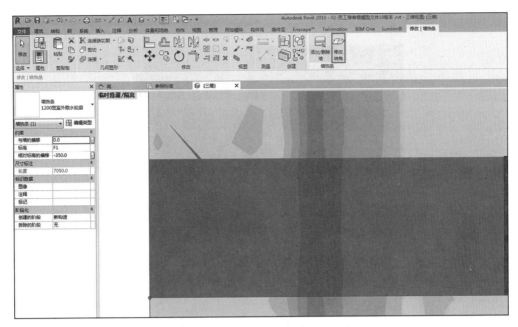

图 8-108

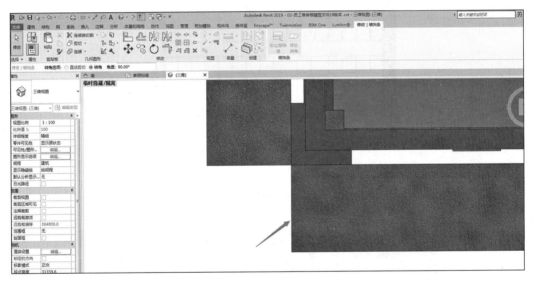

图 8-109

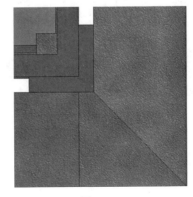

图 8-110

散水的三维效果如图 8-111 所示。

图 8-111

（8）按照上述操作步骤将其他位置的散水进行转角处理，完成后平面显示及整体三维如图 8-112、图 8-113 所示。

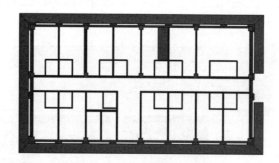

图 8-112

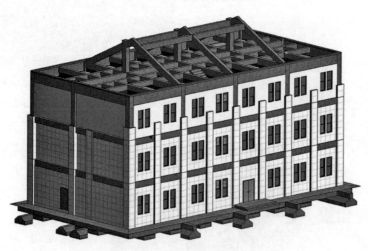

图 8-113

（9）至此完成散水构件的布置，点击"保存"按钮，保存工程项目。

8.5.3 任务总结

（1）散水的创建及绘制方法同"踢脚线"，可以利用"墙：饰条"功能，在 Revit 中进行踢脚线"轮廓族"的建立，或者导入外部已有的族，将其载入到项目，在项目中的三维视图下，通过建立"墙：饰条"，轮廓选择载入到项目中具体的散水轮廓，沿着墙体进行布置即可。

（2）绘制散水完成后，注意选择所有的散水构件，统一调整其标高和偏移量，使其符合图纸要求。

（3）在散水转角交接处，学会使用"修改转角""连接几何图形"命令完善散水构件，将连接处做细部处理。

8.6 屋面的创建

8.6.1 章节概述

本节主要阐述如何进行建筑屋面的创建与绘制，读者通过本节内容的学习，需要重点掌握如何进行屋面创建并进行绘制，熟悉相关操作，本节学习目标如表 8-6 所示。

表 8-6 屋面创建内容及学习目标

序号	模块体系	内容及目标
1	业务拓展	屋面分为两种类型，分别是迹线屋顶和拉伸屋顶，屋面样式不同，则使用的屋顶绘制功能也不同
2	任务目标	完成本项目建筑斜屋面的绘制
3	技能目标	（1）掌握使用"迹线屋顶"命令创建屋顶； （2）掌握使用"屋檐底板"命令创建封檐板； （3）掌握使用"封檐板"命令创建屋檐底板
4	相关图纸	建施-04、建施 08～11

本节完成对应任务后，整体效果图如图 8-114 所示。

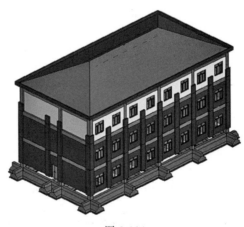

图 8-114

8.6.2　任务实施

（1）创建迹线屋顶　首先进入"屋顶标高"楼层平面，点击"建筑"选项卡中"构建"面板的"屋顶"命令，进入对应选项卡，点击"迹线屋顶"命令，进行迹线屋顶的绘制，点击右上角绘制面板中的矩形框命令，在选项栏处找到偏移，输入"250"，确保定义坡度按钮处于勾选状态以及底部标高为"标高 4"，然后依次点击 1 轴与 D 轴交点和 5 轴与 A 轴交点，建立矩形线框，框选 4 条紫色边线，在左侧属性栏中修改坡度为"25.38°"（三角形为屋面坡度），点击完成即可创建迹线屋顶，如图 8-115～图 8-117 所示。

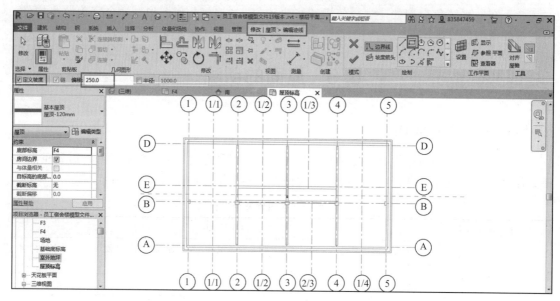

图 8-115

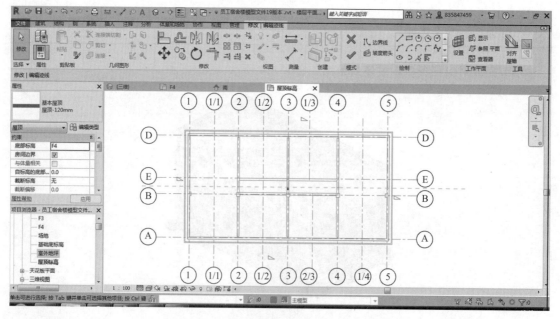

图 8-116

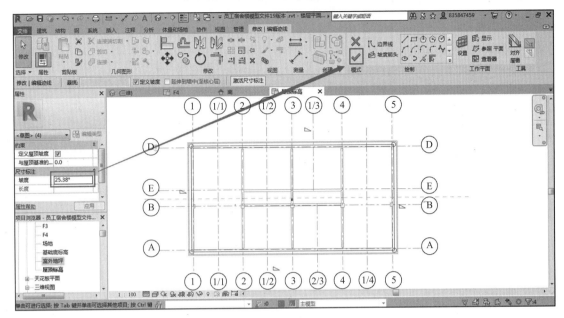

图 8-117

（2）创建两个屋檐底板

1）首先进入"F3"楼层平面，点击"建筑"选项卡中"构建"面板的"屋顶"命令，进入对应选项卡，点击"屋檐：底板"命令，进行屋檐底板的绘制，点击左侧"编辑类型"，将底板类型复制，取名称为"屋檐底板-133mm"，点击确定后再点击结构栏上的编辑按钮，将厚度改为133mm，如图8-118、图8-119所示。

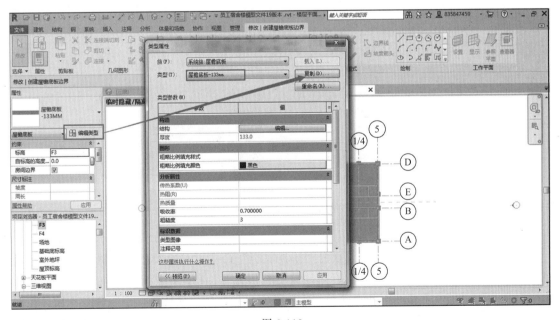

图 8-118

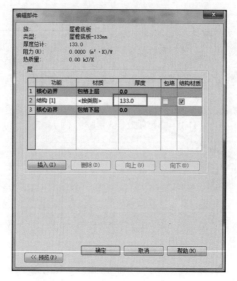

图 8-119

2）确保标高为"F4"，点击右上角绘制面板下的矩形命令，出现矩形小图标后，依次点击外墙左上角端点和右下角端点，建立矩形线框，保持矩形绘制命令不动，在左上角偏移一栏中输入"−280"，继续依次点击外墙左上角端点和右下角端点，形成内部矩形线框，点击完成即可完成第一个屋檐底板的绘制，如图 8-120、图 8-121 所示。

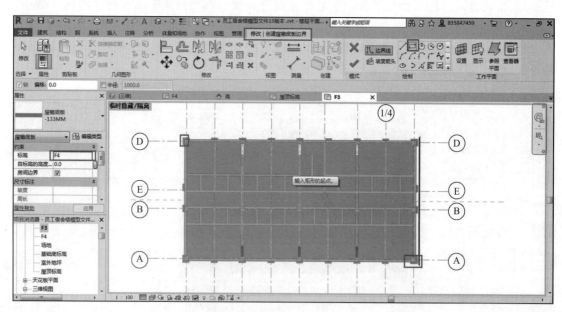

图 8-120

3）继续绘制外边缘屋檐底板，点击"屋檐底板"命令，左边类型选择器中选择"屋檐底板"类型，确保标高为"F4"，自标高的高度偏移为"−150"，然后点击右上角矩形框命令，依次点击外墙左上角端点和右下角端点，建立矩形线框，保持矩形绘制命令不动，在偏移量一栏输入"500"，继续依次点击外墙左上角端点和右下角端点，建立矩形外线框，然后点击完成即可绘制第二个屋檐底板，如图 8-122 所示。

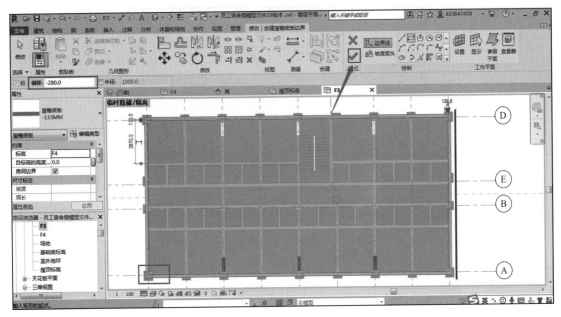

图 8-121

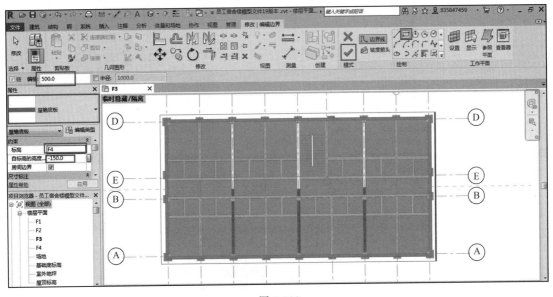

图 8-122

（3）创建封檐板　首先进入"三维"视图平面，点击"建筑"选项卡中"构建"面板的"屋顶"命令，进入对应选项卡，点击"屋顶：封檐板"命令，进行封檐板的绘制，点击左侧编辑类型按钮，将材质设为"砌体-普通砖 75×225mm"，点击确定，鼠标放在屋檐底板边缘，按 Tab 键全选底板边缘后点击鼠标左键，即可整体生成封檐板，如图 8-123～图 8-126 所示。

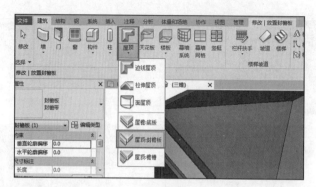

图 8-123

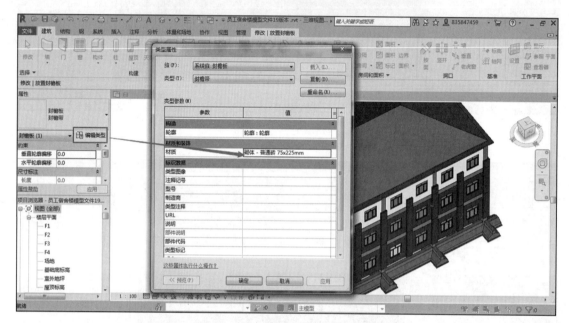

图 8-124

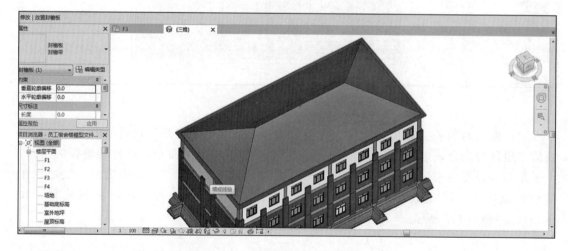

图 8-125

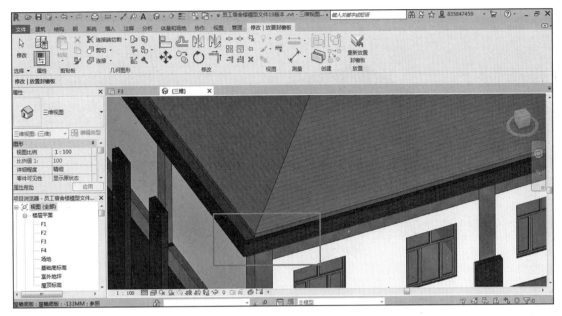

图 8-126

8.6.3　任务总结

（1）创建屋顶时要观察屋顶的类型，如果可以用坡度具体表达屋顶的斜坡，则可以使用"迹线屋顶"命令进行绘制，绘制时注意偏移量和是否开启坡度，以控制屋顶的类型。

（2）当屋顶绘制完后，则可利用"屋檐底板"命令创建底板，创建时注意偏移量即可。

（3）屋檐底板绘制完成后，可以利用"屋顶：封檐板"命令创建封檐带，创建时可以利用"Tab键"进行批量选择，提供创建效率。

8.7　天花板的创建

8.7.1　章节概述

本节主要阐述如何进行天花板创建与绘制，读者通过本节内容的学习，需要重点掌握如何进行天花板创建并进行绘制，熟悉相关操作，本节学习目标如表 8-7 所示。

表 8-7　天花板创建内容及学习目标

序号	模块体系	内容及目标
1	业务拓展	天花板是建筑物室内顶部表面的地方，是对装饰室内屋顶材料的总称
2	任务目标	完成本项目所有房间的天花板创建
3	技能目标	（1）掌握使用"自动创建天花板"命令自动创建天花板； （2）掌握使用"绘制天花板"命令手动创建天花板
4	相关图纸	建施-04

本节完成对应任务后，整体效果图如图 8-127 所示。

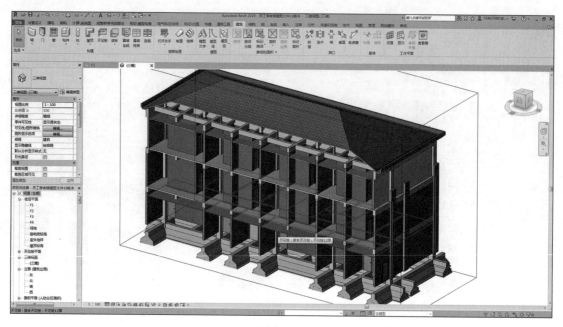

图 8-127

8.7.2 任务实施

（1）创建天花板类型 首先进入"F1"楼层平面，点击"建筑"选项卡中"构建"面板的"天花板"命令，进入对应选项卡，即进入天花板布置的命令中。根据"建施-04"图纸第六条对吊顶的描述，将左侧属性栏面板中的自标高的高度偏移改为"3200"，点击"编辑类型"，再点击"复制"，新建一个天花板类型，将名称改为"天花板-12mm"，点击确定，继续点击结构一栏中的"编辑"，将第一行结构的厚度改为"12"，鼠标点击第二行结构，将其删除，然后点击两次确定按钮，完成对天花板构件类型的创建，如图 8-128～图 8-131 所示。

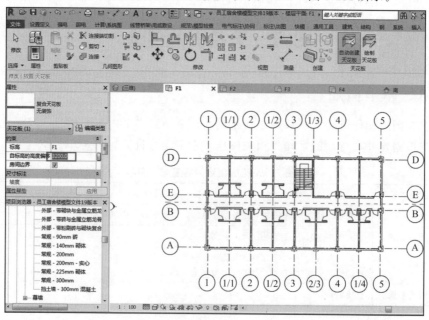

图 8-128

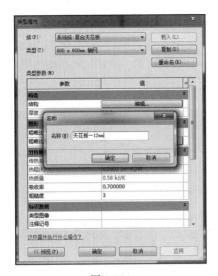

图 8-129

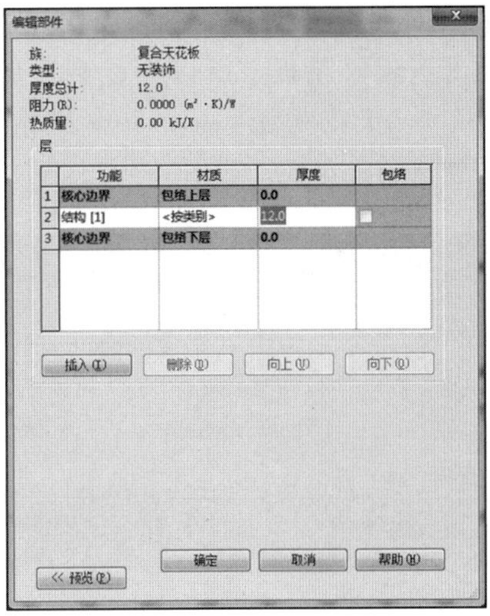

图 8-130

图 8-131

（2）自动创建天花板

1）观察屏幕右上角"自动创建天花板"命令是否处于激活状态，将鼠标移动到项目中左上角第一个房间内部，即 1～1/1 轴和 D～E 轴的内部，出现红色选框后，点击鼠标左键创建天花板，如图 8-132 所示。

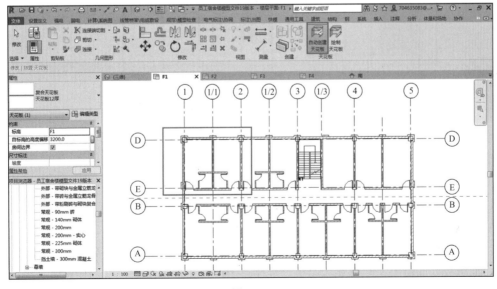

图 8-132

2）这里要注意的是，因为天花板的高度是 3200mm，这时如果视图范围数值不正确，会导致看不到天花板，所以先找到左侧属性栏里的视图范围，将顶部及剖切面偏移改成 3300mm（比天花板高度高出 50～100mm 即可），点击确定，确保视图为"着色模式"，即能看到创建的天花板，如图 8-133、图 8-134 所示。

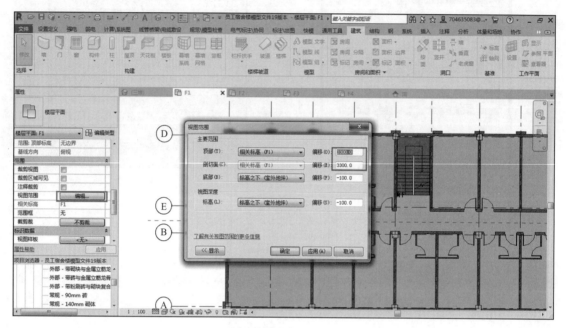

图 8-133

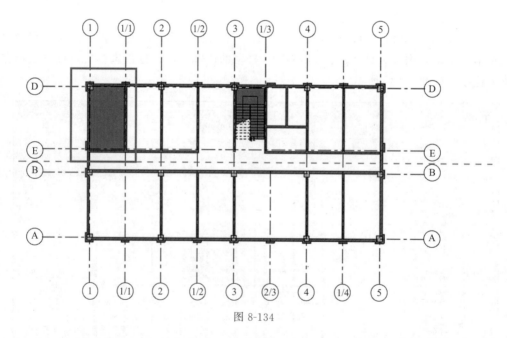

图 8-134

（3）手动创建天花板　Revit 提供的自动创建天花板命令，在有些时候不能正确地创建想要的天花板，故需要手动创建天花板。继续点击"天花板"命令，点击右上角"绘制天花板"命令，即进入草图模式，与创建楼板类似，选择每个房间的内墙作为边界绘制草图，用矩形框框出草图范围，确定无误后，点击确定，即完成手动创建天花板操作，如图 8-135、图 8-136 所示。

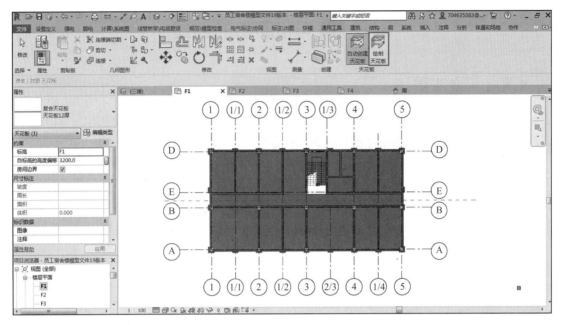

图 8-135

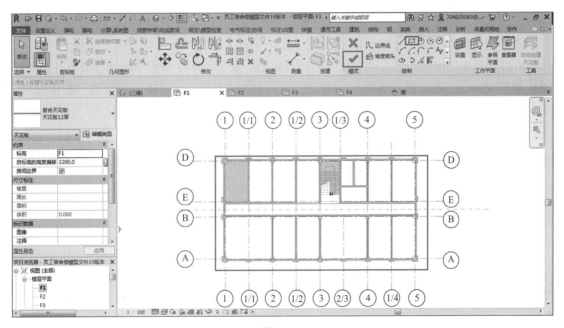

图 8-136

8.7.3　任务总结

（1）创建天花板的过程中，要观察生成天花板的房间构成，一般闭合的墙体都可以自动生成天花板，但识别率不是太高，必要情况下需要自己手动建立天花板，可以配合阵列和复制命令提高创建天花板的效率。

（2）天花板一般都是按闭合房间建立的。

8.8　房间和面积的创建

8.8.1　章节概述

本节主要阐述如何进行房间和面积的创建与绘制，读者通过本节内容的学习，需要重点掌握如何进行房间及面积创建并进行绘制，熟悉相关操作，本节学习目标如表8-8所示。

表8-8　房间和面积创建内容及学习目标

序号	模块体系	内容及目标
1	业务拓展	房间是根据不同的用途进行定义，同时存在不同的装修做法
2	任务目标	完成本项目框架部分房间及面积的布置
3	技能目标	（1）掌握使用"房间"命令创建房间； （2）掌握使用"房间分隔"命令分隔区域，布置房间； （3）掌握使用"标记房间"命令对未标记的房间进行标记
4	相关图纸	建施-05

8.8.2　任务实施

（1）首先进入"F1"楼层平面，点击"建筑"选项卡中"房间和面积"面板的"房间"命令，进入对应选项卡，点击"在放置时进行标记"命令，即在布置房间过程中同时进行房间及面积的标记。在左侧"属性"中设定"上限"为"F2"，"高度偏移"和"底部偏移"均为"0"，结合"建施-05"一层平面图中房间的分布，点击左上角"办公室"房间区域，进行房间的布置，如图8-137、图8-138所示。

图 8-137

（2）修改房间标记名称。选中标记的房间文字，双击"房间"直接命名为"办公室"，如图8-139、图8-140所示。

（3）进行房间分隔。当存在部分房间分隔处没有墙体等构件时，或者房间区域不闭合造成房间分隔错误时，需要利用"房间分隔"命令进行区域分隔，然后再布置对应的房间。以首层楼梯间处进行分隔为例，选择直线绘制方式，如图8-141、图8-142所示。

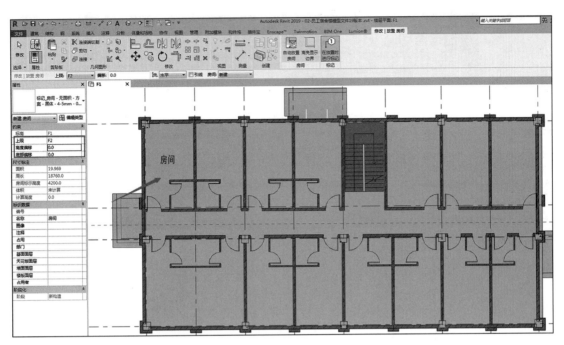

图 8-138

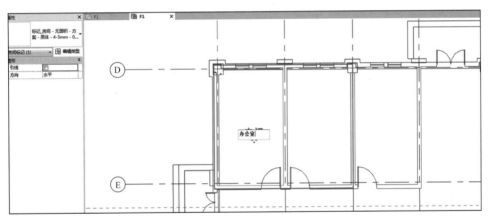

图 8-139

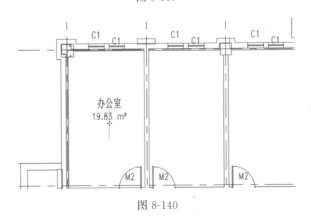

图 8-140

图 8-141

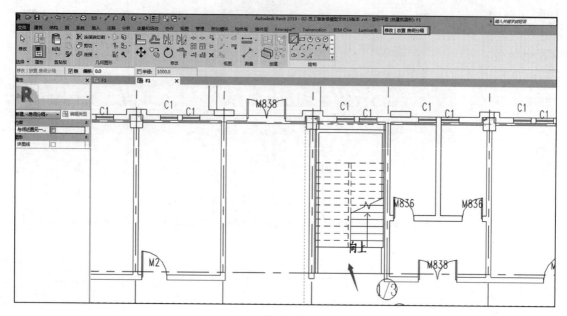

图 8-142

按上述房间布置方法，对分隔好的楼梯间进行房间的布置以及标记的修改，如图 8-143、图 8-144 所示。

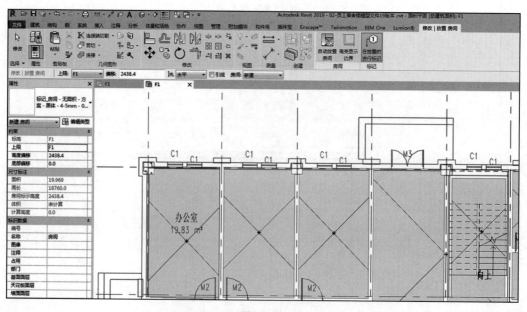

图 8-143

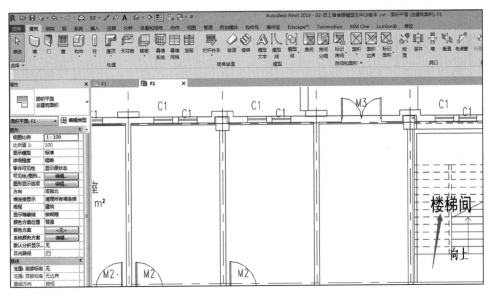

图 8-144

（4）当放置房间时，未进行标记的放置，也可以点击"标记房间"命令，对所有未标记的房间进行统一标记，再单独进行标记名称的修改即可，如图 8-145 所示。

图 8-145

（5）按照上述房间及面积布置和修改方法，对本项目框架部分所有楼层的房间进行放置标记，具体过程不再赘述。局部如图 8-146 所示。

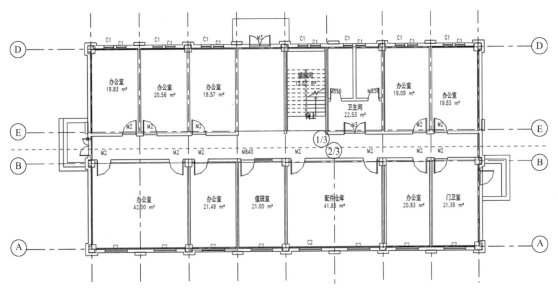

图 8-146

（6）完成所有房间布置后，点击"保存"按钮，保存工程项目。

8.8.3 任务总结

（1）房间及面积的创建，可以利用"房间"命令进行一键放置，放置过程中可以同时选择"在放置时进行标记"，将放置的房间依次标记名称和面积。双击布置好的房间名称，可以进行文字的修改。

（2）当房间分界处没有墙体等构件时，可以利用"房间分隔"命令进行分割。

（3）当放置的房间没有进行标记时，可以利用"标记房间"命令对未标记的房间进行统一标记。

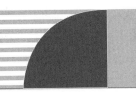

第9章

BIM场地建模

9.1 地形表面及建筑地坪的创建

9.1.1 章节概述

本章节主要阐述如何进行地形表面创建与绘制，读者通过本节内容的学习，需要重点掌握如何进行地形表面创建并进行绘制，熟悉相关操作，本节学习目标如表9-1所示。

表9-1 地形表面及建筑地坪创建的内容及学习目标

序号	模块体系	内容及目标
1	业务拓展	(1) 地形表面是建筑物所处实际地形的情况表达； (2) 建筑地坪指建筑物底层与土层接触的结构构件，其作用是承受地坪上的荷载，并把荷载传给地基，一般主要是由面层和基层组成
2	任务目标	(1) 完成本项目地形表面的创建； (2) 完成本项目建筑地坪的创建
3	技能目标	(1) 掌握使用"地形表面"命令创建地形； (2) 掌握使用"放置点"命令放置地形点； (3) 掌握使用"建筑地坪"命令创建建筑地坪

本章节完成对应任务后，整体效果图如图9-1所示。

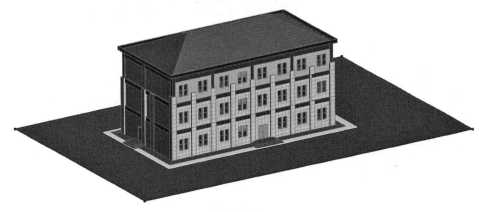

图 9-1

9.1.2 任务实施

（1）创建地形表面

1）切换到"F1"楼层平面视图，首先进入"体量和场地"选项卡，点击"场地建模"面板中"地形表面"命令，进入"修改｜编辑表面"选项卡，在"工具"面板中选择"放置点"命令，用于在绘图区域中放置地形点，以便于定义出地形表面，注意放置的地形点至少要存在三个以上才可以形成地形表面。因没有地形相关说明，本书以布置一个四边地形为例，点击绿色对勾确认即可，如图9-2、图9-3所示。

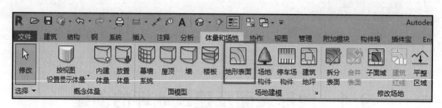

图 9-2

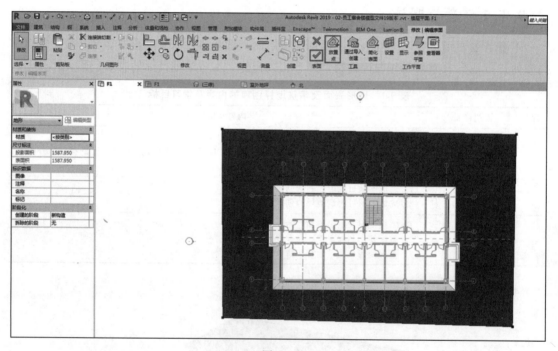

图 9-3

2）点击默认三维视图，发现地形遮挡了台阶散水等构件，说明地形的标高存在问题。点击地形的四个边界点，在左侧"立面"输入"－450"，调整完成后，点击绿色对勾确认，如图9-4所示。

3）选中地形，可以在左侧"属性"栏中修改材质，选择为"混凝土"，如图9-5所示。

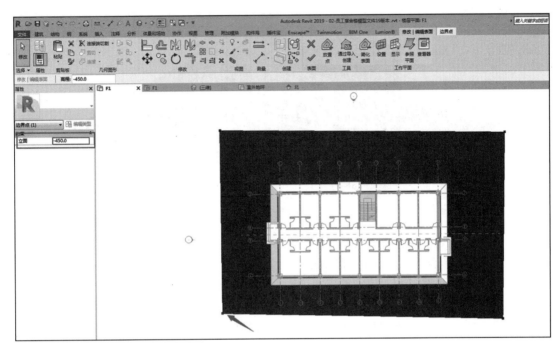

图 9-4

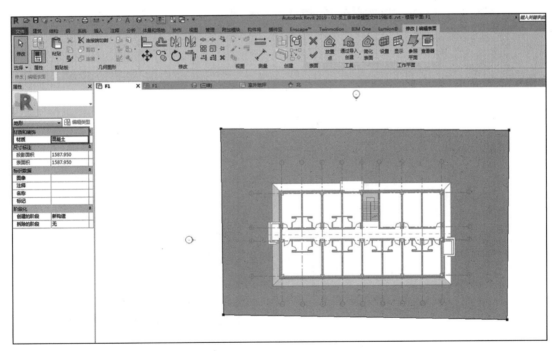

图 9-5

4）最终完成地形表面的创建及修改，三维整体效果如图 9-6 所示。

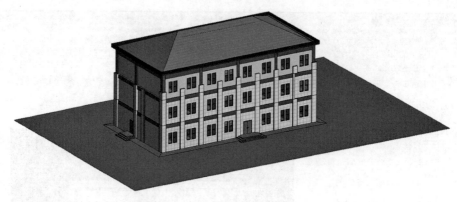

图 9-6

（2）创建绘制建筑地坪

1）在放置地形表面后，点击"场地建模"面板中的"建筑地坪"命令，进入相应选项卡。在左侧"属性栏"点击"编辑类型"可修改其类型属性，新建"建筑地坪"通常采用复制的方式，编辑结构厚度为"450"，复制新建材质"地坪"，进行选择。左侧属性栏设置标高为"F1"，"自标高的高度偏移"为"−450"，如图 9-7～图 9-10 所示。

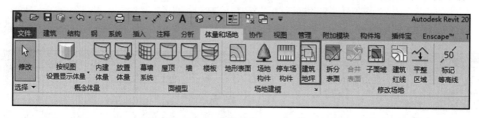

图 9-7

图 9-8

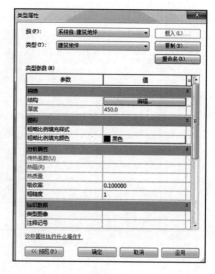

图 9-9

图 9-10

2）切换到"F1"楼层平面视图，绘制建筑地坪边界线。在"绘制"面板中选择矩形绘制方式，绘制一个矩形区域，点击绿色对勾完成，如图 9-11 所示。

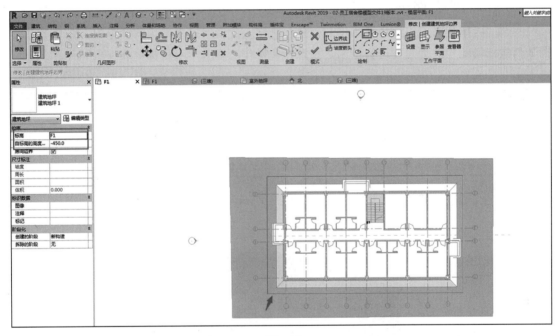

图 9-11

3）点击默认三维视图，查看整体效果，如图 9-12 所示。

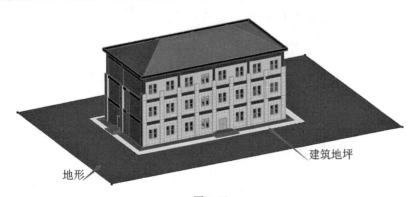

图 9-12

4）至此完成地形表面与建筑地坪的创建，点击"保存"按钮，保存工程项目。

9.1.3 任务总结

（1）使用"地形表面"创建地形，可以利用"放置点"命令创建地形的边角点，三个点以上时才可形成区域、生成地形。

（2）选中地形区域的边角点，可以设置高程信息；选中地形表面，可以修改材质。

（3）使用"建筑地坪"创建建筑地坪，但要注意必须先绘制完成地形表面后，才可以进行建筑地坪的创建和绘制。

9.2　场地构件的创建

9.2.1　章节概述

本节主要阐述如何进行场地构件的创建与绘制，读者通过本节内容的学习，需要重点掌握如何进行场地构件创建并进行绘制，熟悉相关操作，本节学习目标如表9-2所示。

表9-2　场地构件创建的内容及学习目标

序号	模块体系	内容及目标
1	业务拓展	场地构件是用于表示站点特点的图元，如树木、停车场、消火栓等
2	任务目标	完成本项目场地构件的创建、绘制
3	技能目标	掌握使用"场地构件"命令创建、绘制场地构件

本节完成对应任务后，整体效果图如图9-13所示。

图9-13

9.2.2　任务实施

（1）切换到三维视图下，首先进入"体量和场地"选项卡，点击"场地建模"面板中"场地构件"命令，进入"修改｜场地构件"选项卡，在左侧"属性"栏中点击"编辑类型"可以选择不同的场地构件，也可以载入其他的场地构件族。以软件自带的场地树木为例，复制新建"员工宿舍楼-树木",设置高度为"8500",如图9-14、图9-15所示。

图 9-14

图 9-15

（2）放置场地构件。在左侧设置"标高"为"F1",设置"偏移"为"－450",将树木放置在地形表面上,如图9-16所示。

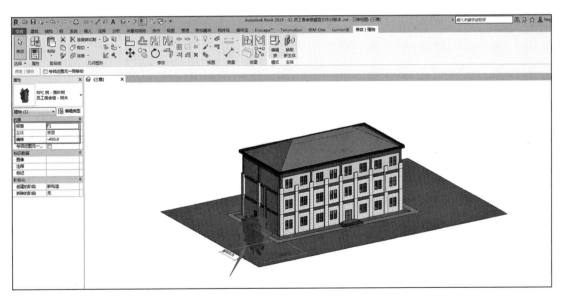

图 9-16

（3）在不同位置进行放置树木后,点击默认三维视图进行查看,如图9-17所示。

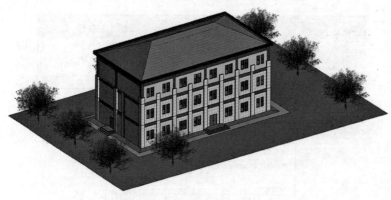

图 9-17

（4）读者可根据需求自行载入其他族文件或使用已有的场地构件族文件，对项目场地周边进行其他场地构件的布置。

9.2.3　任务总结

（1）使用"场地构件"可以创建绘制场地相关构件内容，如树木、停车场等，也可以选择使用软件自带族，还可以载入其他外部族文件。

（2）注意对放置的场地构件设定"标高"及"偏移"值，确保可以结合"地形表面"进行直观体现。

（3）放置场地构件过程中，可以结合"复制""阵列"等命令快速放置，提高效率。

第10章

土建族的创建及应用介绍

10.1　章节概述

本节主要阐述如何进行土建族的创建与设置应用，读者通过本节内容的学习，重点需要掌握如何进行土建族创建及设置的基本应用，熟悉相关操作，本节学习目标如表 10-1 所示。

表 10-1　土建族创建内容及学习目标

序号	模块体系	内容及目标
1	业务拓展	在建模过程中会用到各类不同的构件，这些构件的建立都要通过族的创建及导入来实现
2	任务目标	完成一个"柱"族的创建
3	技能目标	（1）掌握使用"拉伸"命令创建拉伸体； （2）掌握使用"创建参数"命令对拉伸体创建参数属性； （3）掌握"族类别""族原点"的设置方法； （4）掌握"族"的"可见性及详细程度"设置方法； （5）掌握"族"的保存及载入方法

本节完成对应任务后，整体效果图如图 10-1 所示。

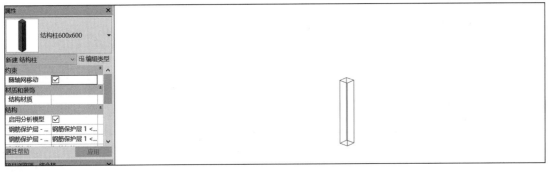

图 10-1

10.2　任务实施

（1）族的操作界面介绍

1）点击左上角"文件"菜单选项卡，点击"新建"按钮，选择新建"族"，弹出需要选择"族样板文件",在提供的族样板文件夹中,选择"公制结构柱",进入族的操作界面。如图 10-2、图 10-3 所示。

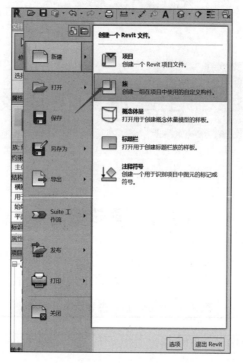

图 10-2

图 10-3

2) 族的操作界面和在 Revit 项目操作界面较为类似,包括"创建""插入""注释""视图"等系列选项卡。创建族的过程可以利用"创建"选项卡下相应命令,如形状的创建可以利用"拉伸""融合""放样"等方式,以及可以通过添加参照平面和参照线作为创建族的辅助线。创建完形状之后,可以利用"注释"选项卡相应功能做各类尺寸标注,以及将这些标注定义为族类型参数。在导入的族样板文件中,默认给出了参照平面以及对应标注,在建"结构柱"族时可以做相应参照,如图 10-4、图 10-5 所示。

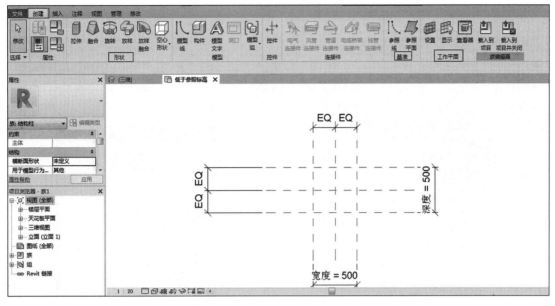

图 10-4

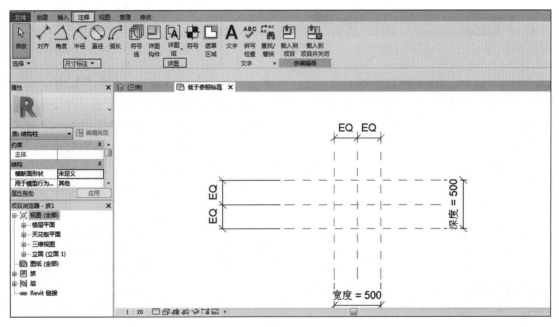

图 10-5

（2）族类别及族原点

1）定义族类别。族类别的选择是基于该族在行业中如何分类的，以便于在建模过程中按照常识分类进行筛选以及使用等。族类别是为正在创建的构件指定预定义族类别及属性，点击"创建"选项卡下"属性"面板中的"族类别和族参数"按钮，弹出"族类别和族参数"设定窗口，"族类别"可以利用"过滤器列表"进行专业大类的过滤筛选，将创建的此柱族文件定义选择为"结构柱"族类别。根据不同的项目需求，可以对族进行"族参数"的设定，包括横断面形状、代码名称、材质等信息，如图10-6～图10-8所示。

图 10-6

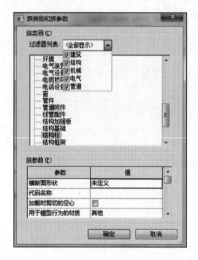

图 10-7

图 10-8

2）定义族原点。创建构件族后，应定义族原点并将其固定（锁定）到相应位置。在使用完成的族创建图元时，族原点将指定图元的插入点。利用视图中两个参照平面的交点定义族原点。通过选择参照平面并修改它们的属性可以控制利用哪些参照平面来定义原点。首先在族编辑器中，先建立参照平面，将要预设置为族原点的地方用两个参照平面相交体现，并在"属性"选项板上选中"定义原点"属性为族定义原点。在这里可选择已提供的中心位置相交的两个参照平面（可以按 Ctrl 键和左键多选），在左侧"属性"栏设置"其他"中的"定义原点"矩形框内打勾即可，如图 10-9 所示。

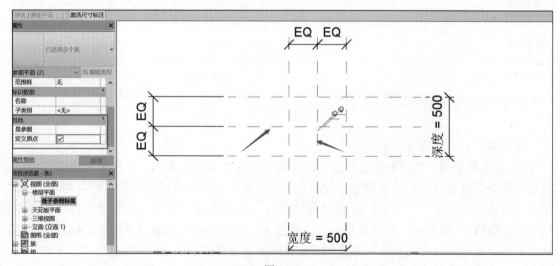

图 10-9

（3）族的形状创建 族的形状创建有多种方法，包括"拉伸""融合""放样"等方式，接下来以最为常用的"拉伸"方式讲解"结构柱"的形状定义。

1）首先进入默认的楼层平面——"低于参照标高"，点击"创建"选项卡下"形状"面板中的"拉伸"命令，如图 10-10 所示。进入"修改｜创建拉伸"，选择矩形绘制方式，根据如图 10-11 所示的参照平面外部交点，点击左上交点，然后点击右下交点，完成矩形框的绘制，点击绿色对勾确认。

图 10-10

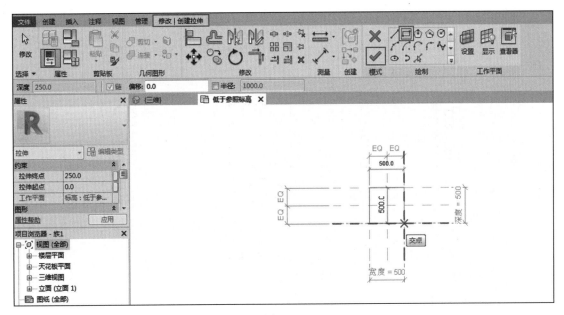

图 10-11

2）柱的截面形状创建完成后，可以选择此截面，会在四条边存在"拉伸：造型操作柄"，可以按住进行拖动改变其形状及边线位置。当不需要进行拖动调整时，可以点击"拉伸：造型操作柄"，会弹出一个为"创建或删除长度或对齐约束"小锁的标志，点击即可锁定边线，进行约束。这样拖动后弹出不满足约束提示，点击删除约束才会变动边线位置，否则是无法改变约束下的边线位置，同时也可以通过"临时尺寸标注"的修改驱动边线位置进行变化，如图 10-12～图 10-14 所示。

3）平面的形状绘制完成后，切换到"立面视图"，在这里选择"前立面"，可以看到创建的"拉伸体"的立面形状，选择后同样存在四条边线处的"拉伸：造型操作柄"，也可以按照上述方法进行拖动调整，包括竖向内的范围。同时也可以在左侧"属性"设置"拉伸终点"和"拉伸起点"数值，决定"拉伸体"在竖向的位置及高度，如图 10-15 所示。

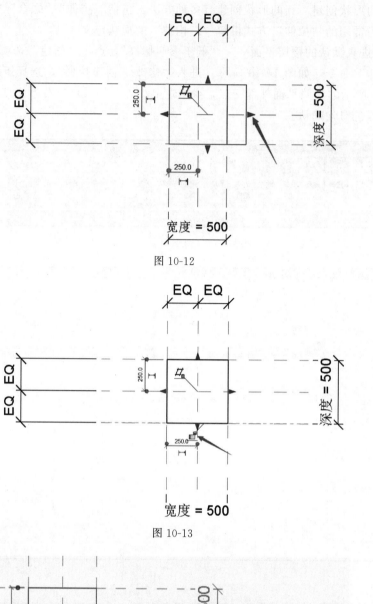

图 10-12

图 10-13

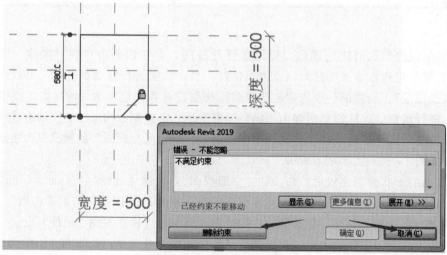

图 10-14

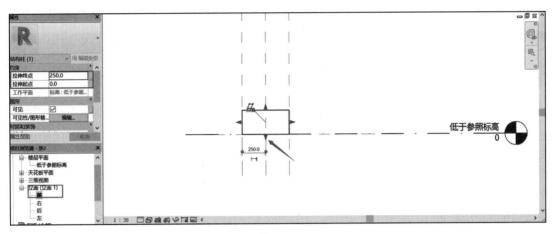

图 10-15

4）根据上述讲解的形状创建方法，创建一个矩形"结构柱"族，截面宽度及高度均为"600"，截面高度为"3600"，完成效果如图 10-16、图 10-17 所示。

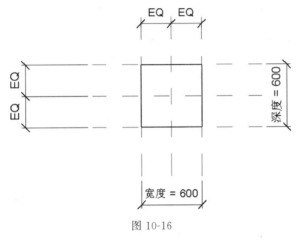

图 10-16

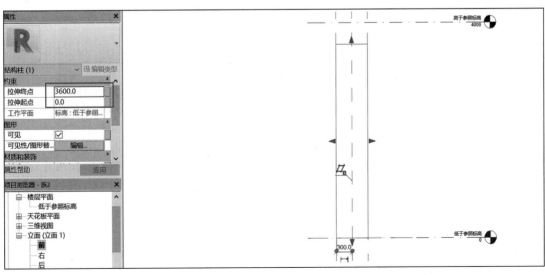

图 10-17

点击默认三维视图，可以看到创建的"结构柱"三维图形，如图 10-18 所示。

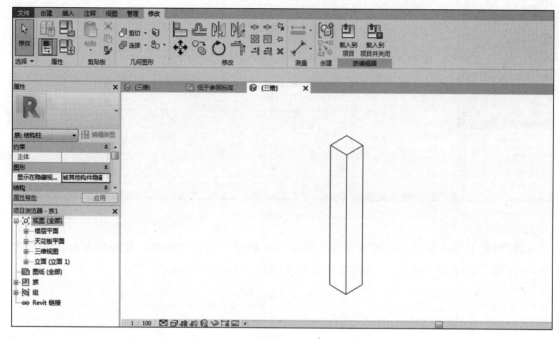

图 10-18

（4）族的参数创建　在族形状创建完成之后，由于设定的尺寸信息都是定值，是不具备参数化功能的，想要将族赋予参数化信息，需要添加标注，并创建参数，通过修改参数可以驱动拉伸体进行形状的改变，实现拉伸体的参数化功能。接下来本书将介绍对创建的"结构柱"创建参数的方法。

1）因载入的公制结构柱，族样板默认中已经创建了"宽度""深度"两项参数驱动截面的变化，但缺少截面的高度信息，切换到立面视图，对截面的高度进行参数创建。首先切换到"前立面"视图，点击"注释"选项卡下的"对齐"命令，选择"结构柱"立面的顶部和底部的边线，进行标注，如图 10-19、图 10-20 所示。

图 10-19

2）标注完成后，选中此标注，进入"修改｜尺寸标注"选项卡，在"标签尺寸标注"面板中，点击"创建参数"按钮，弹出"参数属性"窗口，"参数类型"选择"族参数"，设定"参数数据"中"名称"为"高度"，右侧选择"类型"，点击确定，如图 10-21、图 10-22 所示。

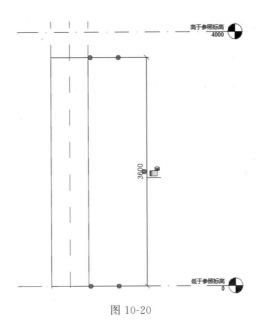

图 10-20

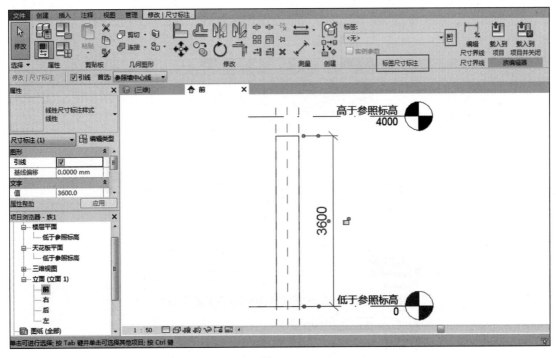

图 10-21

3）选择创建的拉伸体"结构柱"，点击"属性"面板下的"族类型"命令，进入"族类型"窗口，可以对族类型的参数进行设定，在下方也可以对参数进行新建、编辑、删除等命令。可以看到"结构剖面几何图形"的"高度"一项中，"高度"默认为"360cm"，将其设置为"400cm"时，可以看到三维状态下的柱的高度也变为"4000"，如图 10-23～图 10-25所示。

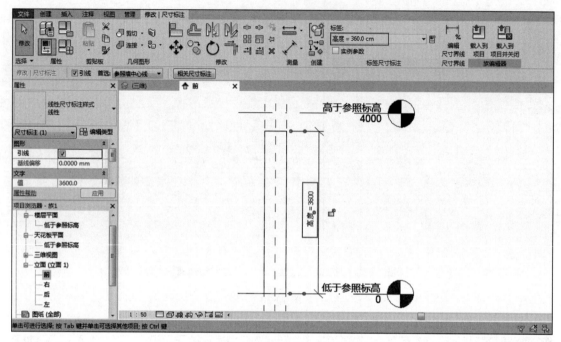

图 10-22

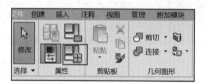

图 10-23

图 10-24

（5）族的可见性及详细程度设置　在族的形状及参数定义完成后，可以对族进行可见性及详细程度设置。先选择"结构柱"拉伸体，进入"修改｜拉伸"选项卡，点击"模式"面板下"可见性设置"命令，弹出"族图元可见性设置"窗口，可以设置在三维及视图的显示，还可以设置显示的详细程度，详细程度包括粗略、中等和精细三种类型。这些参数根据项目需求进行设定即可，如图10-26、图10-27所示。

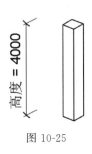

图 10-25

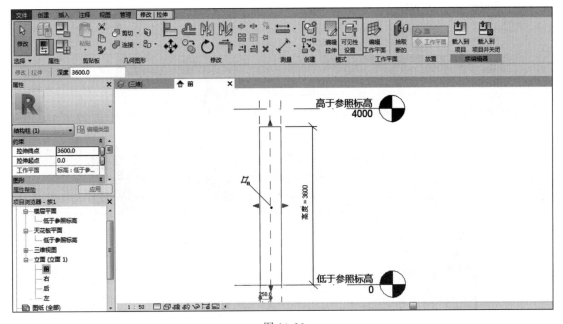

图 10-26

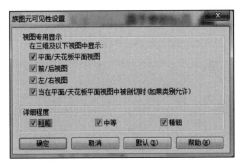

图 10-27

（6）族的保存及载入

1）族创建及信息设定完成后，点击快速访问工具栏中的"保存"按钮，即可保存族文件，格式为"rfa"，命名为"结构柱600*600"，如图10-28所示。

2）载入到项目。可以将创建及设定完成的族载入到项目文件，点击"载入到项目"或"载入到项目并关闭"均可将族文件进行载入，点击载入后，会自动加入到已打开的项目文件，点击编辑属性可以查看之前创建族的参数属性，如图10-29、图10-30所示。

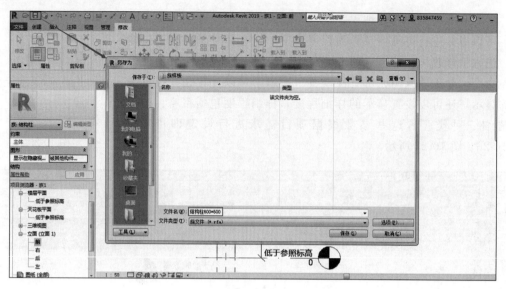

图 10-28

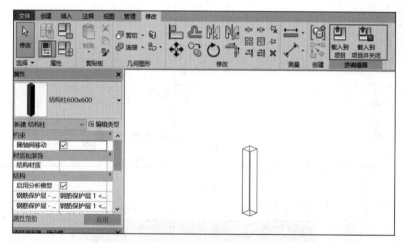

图 10-29

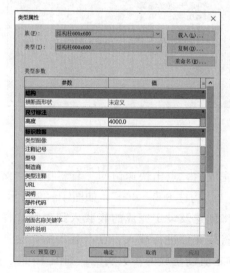

图 10-30

10.3 任务总结

（1）创建族形状的方法有很多，包括"拉伸""融合""放样"等方法，最为常用的为"拉伸"，也是初学者必须要掌握的，其他的方法可以根据个人情况进行拓展学习。

（2）对"族类别"和"族参数"进行设定，会影响导入项目的类别归属。

（3）对族进行原点设定，会影响后期放置族构件的插入点。

（4）掌握创建族的约束方法，以及对其进行可见性和详细程度的设定。

（5）掌握族的保存及载入的方法，对于保存方法可点击快速访问栏直接保存"rfa"的格式文件，对于载入方法可使用"载入到项目"或"载入到项目并关闭"进行族的载入。

Revit模型拓展应用

3

第11章

模型的拓展补充应用介绍

11.1 样板文件的创建方法

在应用 Revit 做类似项目时，往往可以通过创建共用的样板文件，设定共同的一些基本设定，提高建模效率。在 Revit 中可以点击"文件"选项卡，选择"新建项目"，在类型里选择"项目样板"，即可进入项目样板的创建。在样板文件中可以进行项目单位、项目轴网、标高等信息的设定，操作同前讲解，故不再赘述。新建样板如图 11-1 所示。

设定完成后，点击快速访问栏中"保存"按钮，输入文件名，设定保存路径，完成保存，文件格式为"rte"，其代表样板文件格式，如图 11-2 所示。

图 11-1

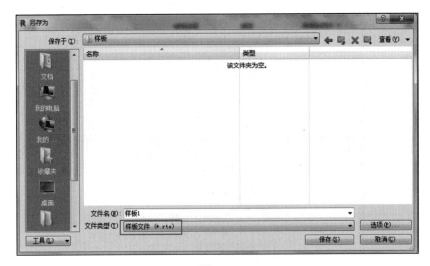

图 11-2

在新建项目时，可以选择已创建好的项目样板文件进行项目的新建，过程同 6.1 节项目文件的创建。

11.2 快捷键的设置

在应用 Revit 进行建模时，很多模型构件和修改命令等都存在快捷键的应用，如墙体的绘制快捷键为"WA"，复制命令的快捷键为"CO"等。作为一名熟练的建模人员，掌握各快捷键的使用是必备技能，所以要了解快捷键的设置方法，可以根据个人习惯的不同对各类构件或命令设置相应的快捷键。

点击"文件"选项卡中的"选项"按钮，弹出选项窗口。选择左侧"用户界面"按钮，点击快捷键处"自定义"，进入快捷键的设置界面，如图 11-3、图 11-4 所示。

图 11-3

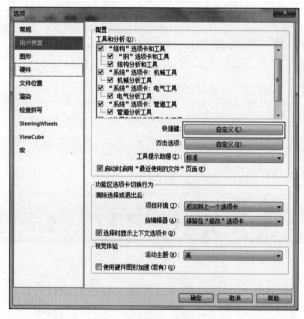

图 11-4

在快捷键设置窗口中，可以通过搜索输入想要设定的命令，也可以通过过滤器进行过滤。选择对应的命令行，在下方"按新键"输入对应的指令，点击"指定"即可完成快捷键的设置。设置完成后，可以通过点击"导出"将此设置模板保存，也可以导入其他已有模板，如图11-5所示。

图 11-5

11.3　日光、阴影的设置

（1）日光设置　点击如图11-6所示的"视图控制栏"中的"日光路径"按钮，选择"日光设置"，进入"日光设置"窗口，可以选择日光研究、设置方位角与仰角、地平面的标高等进行设置，如图11-7所示，设置完成后，点击确定。默认是关闭日光路径的状态，再次点击此按钮，选择打开日光路径，弹出提示，选择按指定的时间和路径设定，在三维状态下可以看到日光路径的显示，如图11-8所示。

图 11-6

图 11-7

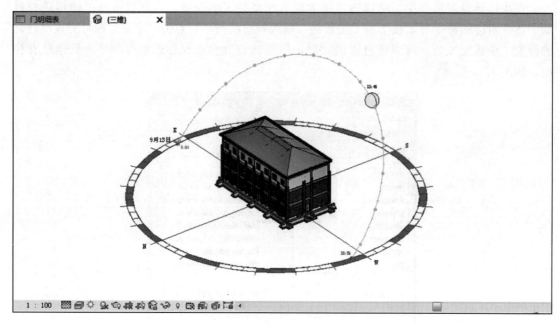

图 11-8

日光设置可以点击月日、时间处进行修改，日光会随着设定发生日光路径的联动变化，也可以拖动日光球体进行变化，如图 11-9 所示。

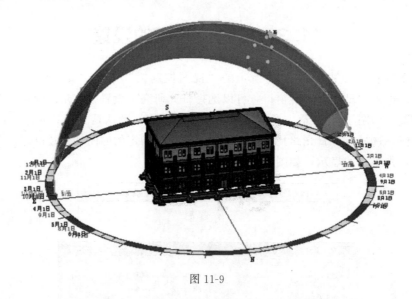

图 11-9

（2）阴影开关　点击"视图控制栏"中的阴影开关，可以配合着日光的模拟显示实际光照的阴影状态，点击图 11-10 所示的框选按钮打开阴影，效果如图 11-11 所示。

图 11-10

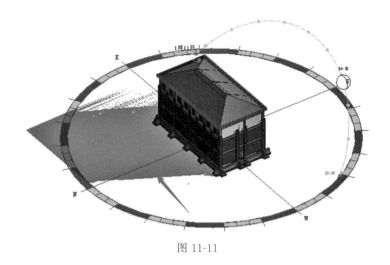

图 11-11

11.4 模型浏览

Revit 模型绘制完毕后，可以对模型进行全方位查看。浏览的方式有多种，以下将针对"对于整体模型的自由查看""定位到某个视图进行查看""控制构件的隐藏和显示"三种方式进行讲解。通过学习使用"ViewCube""定向到视图""隐藏类别""重设临时隐藏/隔离"等命令浏览 BIM 模型。

（1）自由查看整体模型　点击"快速访问栏"中三维视图按钮，切换到三维查看模型成果，如图 11-12 所示。

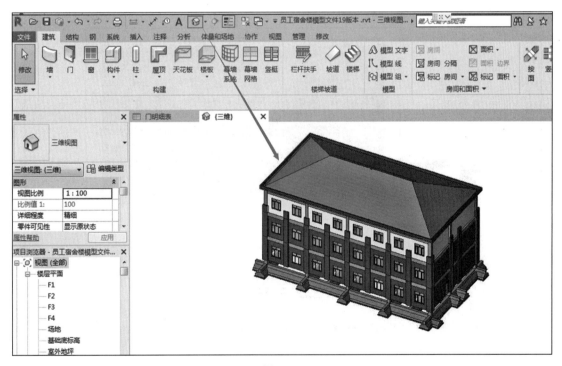

图 11-12

对于浏览整体模型可以按住 Shift 键，转动鼠标滚轮，对模型进行旋转查看；或者直接点击 ViewCube 上各角点进行各视图的自由切换，方便对模型进行快速查看，如图 11-13 所示。

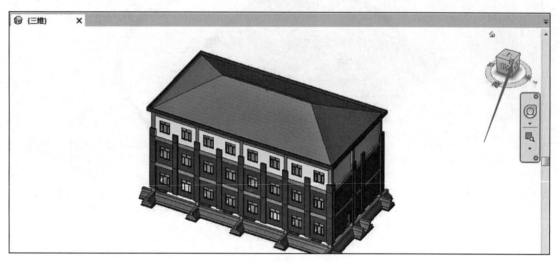

图 11-13

（2）定位到视图进行查看　在三维视图状态下，将鼠标放在 ViewCube 上，右键选择"定向到视图"，可以定向打开任意楼层平面、立面及三维视图。图 11-14 为定位打开"楼层平面-楼层平面：F2"。

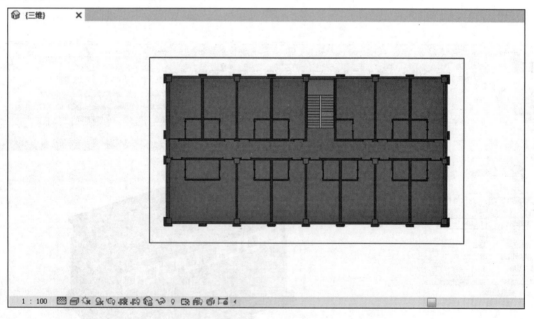

图 11-14

可以通过三维剖面框的热点拖动控制显示范围，如图 11-15 所示。

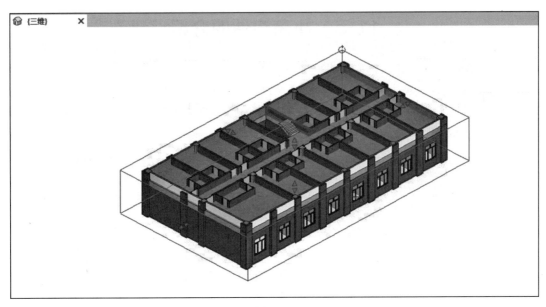

图 11-15

（3）控制构件的隐藏和显示

1）在三维视图状态下，点击"属性"面板中"可见性/图形替换"后面的"编辑"按钮，打开"三维视图：〈三维〉的可见性/图形替换"窗口，例如取消勾选"墙"构件类型，点击"确定"按钮，关闭窗口，则三维模型中墙构件全部隐藏，如图 11-16 所示。

图 11-16

2）通过"视图控制栏"中的"临时隐藏/隔离"命令进行控制，隐藏指的是将选中的图元或类别不可见，隔离是只显示选中的图元或类别，点击"重设临时隐藏/隔离"，可以恢复显示状态为全部，如图 11-17所示。操作过程同之前讲解。

图 11-17

11.5 补充构件的介绍

（1）基础的创建

1）筏板基础的创建 筏板基础的创建可以利用"结构"选项卡下"基础"面板中的"结构基础：楼板"命令进行创建，创建绘制的方法同"基础垫层"构件，注意设置标高和偏移，绘制方式根据需求选择即可，如图11-18、图11-19所示。

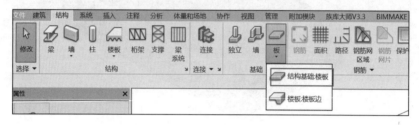

图 11-18

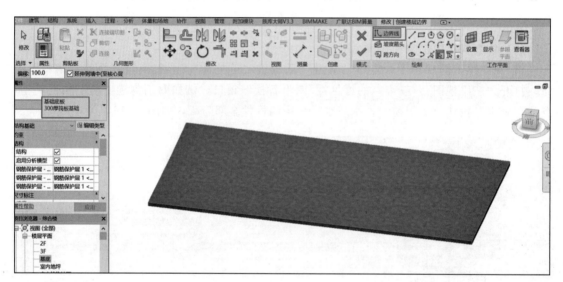

图 11-19

2）条形基础的创建 条形基础的创建可以利用"结构"选项卡下"基础"面板中的"结构基础：墙"命令进行创建，修改调整族属性和参数，绘制时需要点击"选择多个"按钮，选中需要布置条形基础的墙体，点击完成即可生成，如图11-20～图11-22所示。

图 11-20

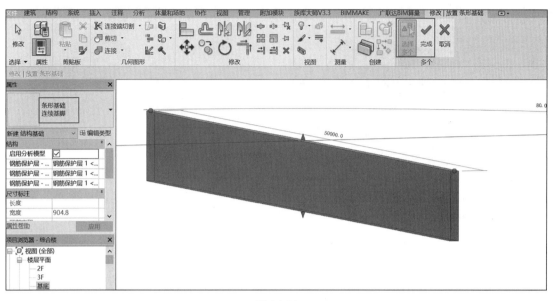

图 11-21

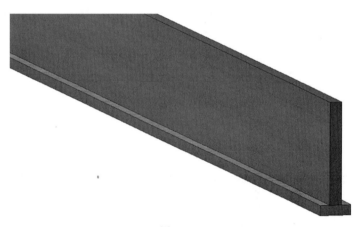

图 11-22

（2）屋顶的创建 最为常用的屋顶的创建一般分为两类，包括：迹线屋顶和拉伸屋顶。如图 11-23～图 11-26 所示。

图 11-23

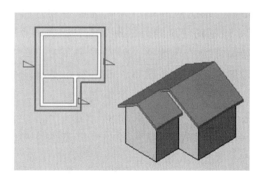

图 11-24

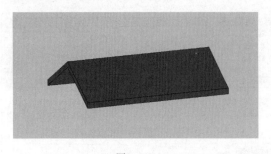

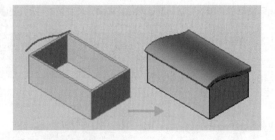

图 11-25   图 11-26

1）迹线屋顶的创建　迹线屋顶可以通过点击"建筑"选项卡下"构建"面板中的"屋顶"命令，下拉选择"迹线屋顶"。进入"修改｜创建屋顶迹线"选项卡，选择"边界线"中绘制方式，可以绘制迹线的草图，如图 11-27、图 11-28 所示。

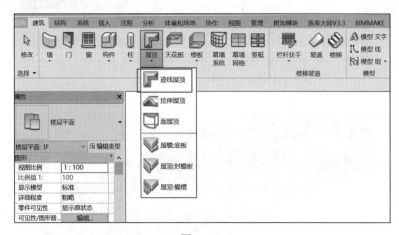

图 11-27

图 11-28

　　绘制屋顶的迹线需闭合，类似楼板轮廓的草图绘制。绘制过程中可以在选项栏勾选"定义坡度"，绘制的轮廓线旁出现"△"标识，点击可设置屋面坡度的角度值，如所有线条取消勾选"定义坡度"则生成平屋顶，可以给每条坡度定义线设置不同的坡度值或者不定义坡度，同时可以设置悬挑的偏移量。下面简单绘制一个迹线轮廓作为演示，绘制的每条边线都可以点击选中，设置坡度，如图 11-29 所示。

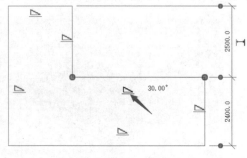

图 11-29

绘制完成，点击绿色对勾确认，进入三维视图查看效果，如图11-30所示。

图 11-30

再次选择屋顶，点击"编辑迹线"，框选所有迹线，在左侧"属性"取消定义坡度，再次点击绿色对勾确认，进入默认三维视图查看三维效果，则显示为平屋顶，如图11-31~图11-33所示。

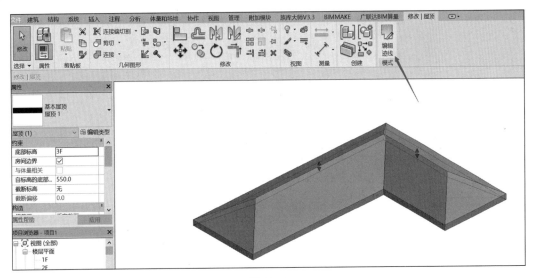

图 11-31

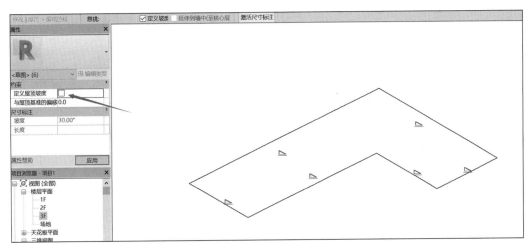

图 11-32

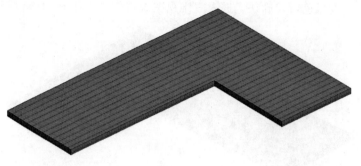

图 11-33

2）拉伸屋顶的创建　拉伸屋顶可处理从平面上不能创建的屋顶，而从立面上创建的屋顶。拉伸屋顶可以通过点击"建筑"选项卡下"构建"面板中的"屋顶"命令，下拉选择"拉伸屋顶"，弹出"工作平面"的设定，点击"拾取一个平面"，选择任意一条轴线或参照平面，弹出转到视图窗口，可选择其中一个立面视图，如图 11-34～图 11-36 所示。

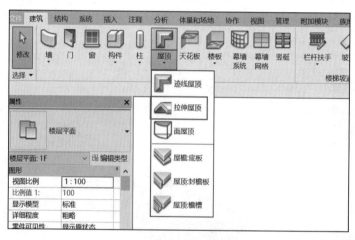

图 11-34

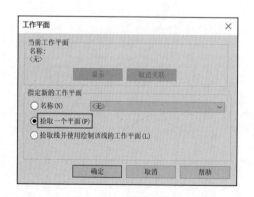

图 11-35

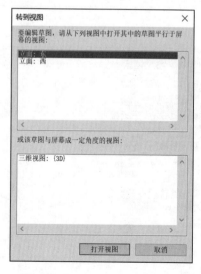

图 11-36

转到立面视图后，弹出"设定屋顶参照标高和偏移"，对其进行设定即可，如图 11-37 所示。

点击确定后，在立面视图下进入草图绘制模式，可以选择不同的绘制方式，也可以在此视图下创建参照平面辅助轮廓的绘制。下面选择直线绘制方式来简单绘制一个轮廓，如图 11-38～图 11-40 所示。

图 11-37

图 11-38

图 11-39

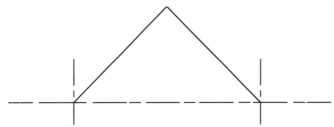

图 11-40

绘制完成后，点击绿色对勾确认，切换到三维视图，可以查看拉伸屋顶效果，如图 11-41 所示。

（3）二次结构类构件的创建

1）构造柱的创建　构造柱的创建及绘制方法应利用"结构"选项卡下"结构"面板中的"柱"进行定义，按照"结构柱"的放置方法进行绘制即可，如图 11-42、图 11-43 所示。创建方法同之前结构柱讲解操作，注意绘制时结合图纸具体定位信息即可，此过程在此不再具体赘述。

图 11-41

图 11-42

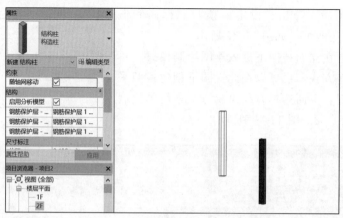

图 11-43

2）过梁及圈梁的创建　过梁及圈梁的创建及绘制方法利用"结构"选项卡下"结构"面板中的"梁"进行定义，按照"结构梁"的放置方法进行绘制即可，如图 11-44～图 11-46 所示。创建方法同结构梁讲解操作，注意绘制时

图 11-44

结合图纸具体定位信息即可，注意自身属性的设置以及标高的设定，此过程在此不再具体赘述。

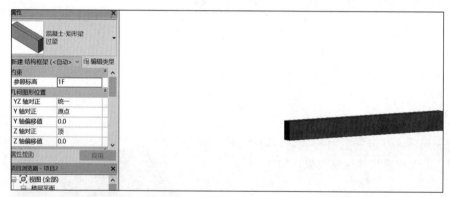

图 11-45

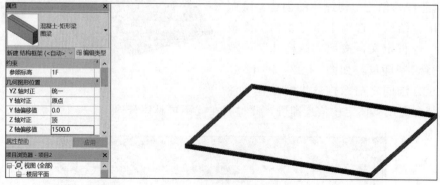

图 11-46

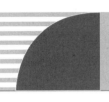

第12章

BIM的成果输出

12.1 明细表的添加和设置

Revit 模型绘制完成后,在 Revit 软件中可以对模型进行简单的图元明细表统计。学习使用"明细表/数量""导出明细表"等命令创建明细表。下面以"门"构件为例讲解明细表统计的方法。

(1) 直接利用已设置好的门明细表进行统计,双击"项目浏览器"中"明细表/数量(全部)"下的"门明细表",打开"门明细表"视图,如图 12-1、图 12-2 所示。

(2) 自定义明细表

1) 点击"视图"选项卡"创建"面板中的"明细表"下拉下的"明细表/数量"工具,如图 12-3 所示。

图 12-1

属性	×	☆ (三维)		门明细表	×			
					门明细表			
明细表								
		A	B	C	D	E	F	G	H
		类型	厚度	宽度	底高度	顶高度	标高	高度	合计
明细表: 门明细表	编辑类型	A-M4-1200*2100	30	1200	0	2100	F1	2100	1
标识数据		A-M2-1000*2100	50	1000	0	2100	F1	2100	1
视图样板	<无>	A-M2-1000*2100	50	1000	0	2100	F1	2100	1
视图名称	门明细表	A-M2-1000*2100	50	1000	0	2100	F1	2100	1
相关性	不相关	A-M2-1000*2100	50	1000	0	2100	F1	2100	1
阶段化		A-M2-1000*2100	50	1000	0	2100	F1	2100	1
阶段过滤器	全部显示	A-M2-1000*2100	50	1000	0	2100	F1	2100	1
阶段	新构造	A-MLC1-2200*240	51	1000	0	2400	F1	2400	1
其他		A-M2-1000*2100	50	1000	0	2100	F1	2100	1
字段	编辑...	A-M3-1500*2100	40	1500	0	2100	F1	2100	1
过滤器	编辑...	A-M2-1000*2100	50	1000	0	2100	F1	2100	1
排序/成组	编辑...	A-M2-1000*2100	50	1000	0	2100	F1	2100	1
格式	编辑...	A-M2-1000*2100	50	1000	0	2100	F1	2100	1
外观	编辑...	A-M2-1000*2100	50	1000	0	2100	F1	2100	1
		A-M1-800*2100	50	800	0	2100	F1	2100	1
		A-M1-800*2100	50	800	0	2100	F1	2100	1
		A-M3-1500*2100	40	1500	0	2100	F2	2100	1
		A-M2-1000*2100	50	1000	0	2100	F2	2100	1
		A-M2-1000*2100	50	1000	0	2100	F2	2100	1
属性帮助	应用	A-M2-1000*2100	50	1000	0	2100	F2	2100	1

图 12-2

图 12-3

2）弹出"新建明细表"窗口，在"类别"列表中选择"门"对象类型，即本明细表将统计项目中门对象类别的图元信息，修改明细表名称为"员工宿舍楼-门明细表"，确认明细表类型为"建筑构件明细表"，其他参数默认，单击"确认"按钮，会打开"明细表属性"窗口，如图 12-4 所示。

3）弹出"明细表属性"窗口，在"明细表属性"窗口的"字段"选项卡中，"可用的字段"列表中显示门对象类别中所有可以在明细表中显示的实例参数和类型参数。依次在列表中选择"类型、宽度、高度、合计"参数，单击"添加"按钮，添加到右侧的"明细表字段"列表中。在"明细表字段"列表中选择各参数，单击"上移"或"下移"按钮，按图中所示顺序调节字段顺序，该列表中从上至下顺序反映了后期生成的明细表从左至右各列的显示顺序，如图 12-5 所示。

图 12-4

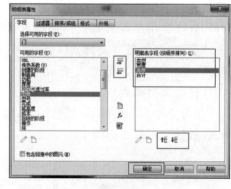

图 12-5

4）切换到"排序/成组"选项卡，设置"排序方式"为"类型"，排序顺序为"升序"，不勾选"逐项列举每个实例"选项，此时将按门"类型"参数值在明细表中汇总显示已选字段，如图 12-6 所示。

5）切换至"外观"选项卡，勾选"网格线"选项，设置网格线样式为"细线"，勾选"轮廓"选项，设置轮廓线样式为"中粗线"，取消勾选"数据前的空行"选项，勾选"显示标题"和"显示页眉"选项，单击"确定"按钮，完成明细表属性设置，如图 12-7 所示。

6）Revit 软件自动按照指定字段建立名称为"员工宿舍楼-门明细表"的新明细表视图，并自动切换至该视图，还将自动切换至"修改明细表/数量"选项，如图 12-8 所示。

7）如有需要还可以继续在"属性"面板中进行相应修改设置，最终将"员工宿舍楼-门明细表"导出。点击"文件"选项卡，点击"导出"选项下"报告"下的"明细表"工具，导出后为 txt 格式，可用 office 等软件进行编辑等，如图 12-9、图 12-10 所示。

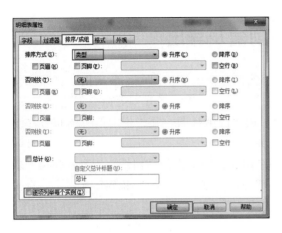

图 12-6

图 12-7

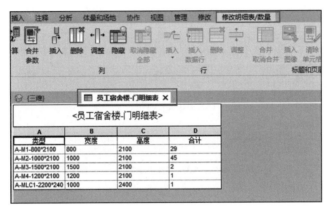

图 12-8

图 12-9

图 12-10

12.2 图纸的创建及导出

Revit 软件可以将项目中多个视图或明细表布置在一个图纸视图中，形成用于打印和发布的施工图纸。本节将会学习使用"图纸""视图""导出 DWG 格式"等命令创建施工图。下面就利用 Revit 软件中"新建图纸"工具为项目创建图纸视图，并将指定的视图布置在图纸视图中形成最终施工图纸的操作过程进行简单讲解。

1）创建图纸视图。单击"视图"选项卡"图纸组合"面板中的"图纸"工具，弹出"新建图纸"窗口，点击"载入"按钮，弹出"载入族"窗口，默认进入 Revit 族库文件夹，点击"标题栏"文件夹，找到"A0 公制 .rfa"文件，点击"打开"命令，将其载入到"新建图纸"窗口中，点击"确定"按钮，以 A0 公制标题栏创建新图纸视图，并自动切换至视图。创建的新图纸视图将在"图纸（全部）"视图类别中。选择创建的新图纸视图，"右键-重命名"修改"数量"为"001"，修改"名称"为"员工宿舍楼图纸"，如图 12-11～图 12-14 所示。

图 12-11

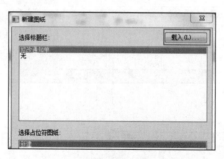

图 12-12

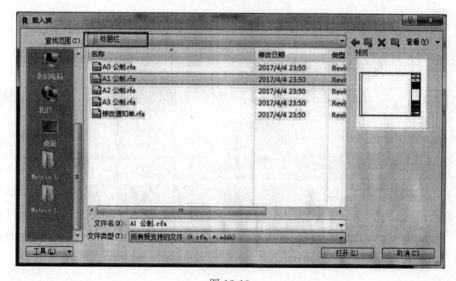

图 12-13

2）将项目中多个视图或明细表布置在一个图纸视图中。单击"视图"选项卡"图纸组合"面板中的"视图"工具，弹出"视图"窗口，在窗口中列出了当前项目中所有的可用视图。选择"楼层平面：F2"点击"在图纸中添加视图"按钮，默认给出"楼层平面：F2"摆放位置及视图范围预览，在"员工宿舍楼出图"视图范围内找到合适位置放置

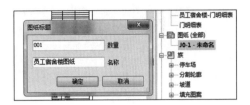

图 12-14

该视图（在图纸中放置的视图称为"视口"），Revit 软件自动在视口底部添加视口标题，默认以该视口的视口名称命名该视口。如果想修改视口标题样式，则需要选择默认的视口标题，在"属性"面板中点击"编辑类型"，打开"类型属性"窗口，修改类型参数"标题"为所使用的族即可，如图 12-15～图 12-18 所示。

图 12-15

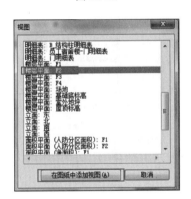

图 12-16

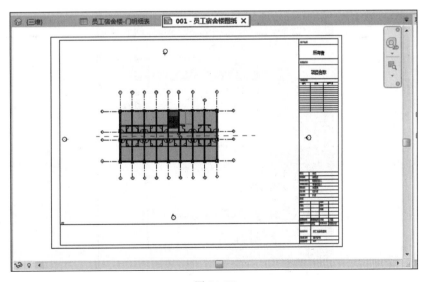

图 12-17

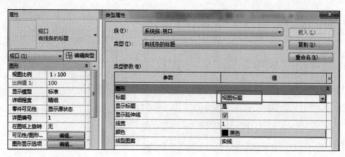

图 12-18

3）除了修改视口标题样式，还可以修改视口的名称。选择刚放入的 F2 视口，鼠标在视口"属性"面板中向下拖动，找到"图纸上的标题"，输入"二层平面图"，Enter 键确认，视口标题自动修改为"二层平面图"，如图 12-19 所示。

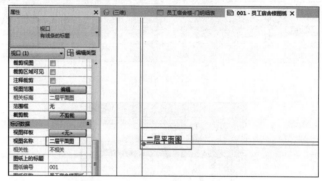

图 12-19

4）按照上述操作方法可以将其他平面图纸、立面图纸、剖面图纸、材料明细表等视图添加到图纸视图中，具体操作过程不再赘述。

5）图纸设定完成后，可以点击"文件"选项卡中"导出"，选择"CAD 格式"为"DWG"，进行导出设置后，点击确定导出。导出的 DWG 文件可以脱离 Revit 软件打开，可以利用 CAD 看图软件或 AutoCAD 软件进行后期的查看及编辑修改，如图 12-20、图 12-21 所示。

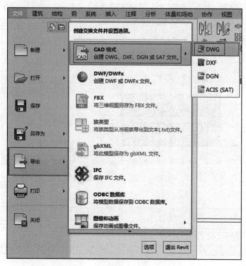

图 12-20

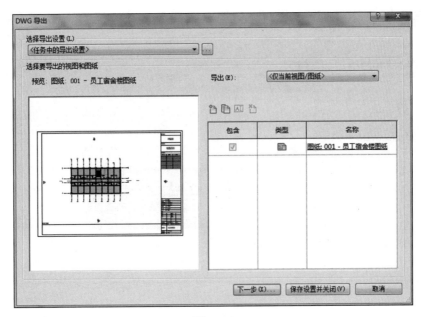

图 12-21

12.3 漫游的创建及编辑

在 Revit 软件中可以对模型进行简单漫游动画制作，学习使用"漫游""编辑漫游""导出漫游动画"等命令创建漫游动画。

（1）双击"项目浏览器"中"室内地坪"，进入"室内地坪"楼层平面视图。点击"视图"选项卡"创建"面板中的"三维视图"下拉选项下的"漫游"工具。进入"修改｜漫游"选项卡，其他设置保持不变，从建筑物外围进行逐个点击（点击的位置为后期关键帧位置），注意点击的位置可距离建筑物远一点，以保证后期看到的漫游模型为整栋建筑。漫游路径设置完成后，点击"漫游"选项卡中"完成漫游"工具，同时在"项目浏览器"的"漫游"视图类别下新增了"漫游 1"的动画，如图 12-22～图 12-25 所示。

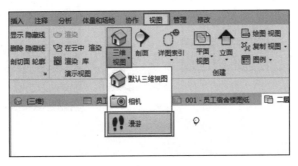

图 12-22

（2）双击"漫游 1"激活"漫游 1"视图，使用"视图"选项卡"窗口"面板中的"平铺"工具，将"漫游 1"视图与"室内地坪"楼层平面视图进行平铺展示。点击"漫游 1"视图中的矩形框，则刚刚在"室内地坪"楼层平面视图中绘制的漫游路径被选择。

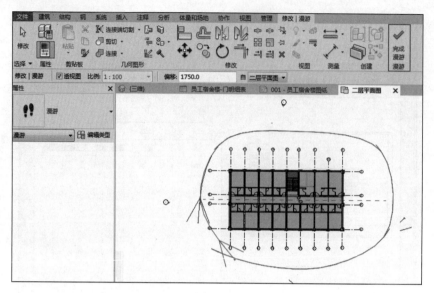

图 12-23

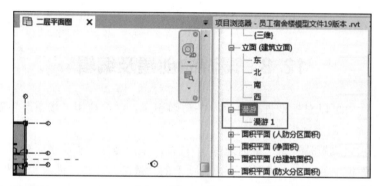

图 12-24

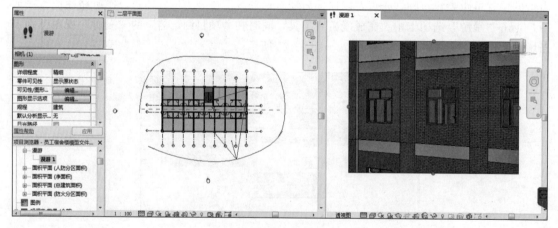

图 12-25

（3）对漫游路径进行编辑，使"漫游1"视图中可以清晰显示漫游过程中的模型变化。点击"室内地坪"楼层平面视图，使之处于激活状态。点击"漫游"面板中的"编辑漫游"，进入"编辑漫游"选项卡，漫游路径上会出现红色圆点。红色圆点即为漫游动画的关键帧，视口即为当前关键帧下看到的视野范围，"小相机"图标为当前漫游视点位置，如图 12-26、图 12-27 所示。

图 12-26

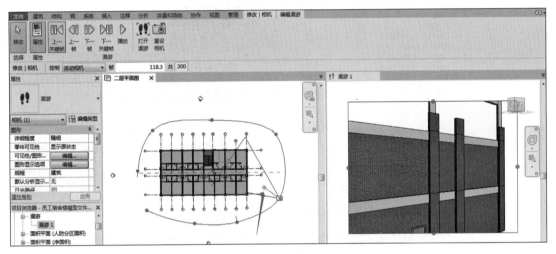

图 12-27

（4）点击"漫游 1"视图中的矩形框，向外拉伸四条边线上的蓝色圆点，使模型显示区域更多。也可以通过修改"属性"面板中"远剪裁偏移"数值为"60000"（也可以在"室内地坪"楼层平面视图中手动拖动视口的开口范围），使当前关键帧看到更多模型，如图 12-28、图 12-29 所示。

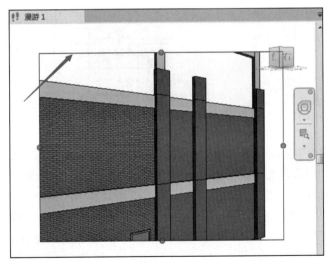

图 12-28

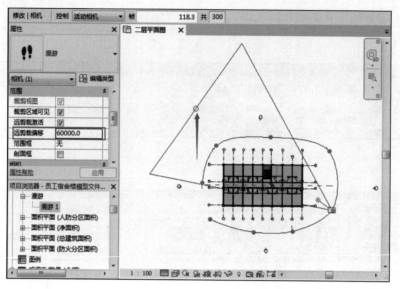

图 12-29

　　（5）点击"室内地坪"楼层平面视图，使之处于激活状态。点击"编辑漫游"选项卡"漫游"面板中的"上一关键帧""下一关键帧"工具，相机位置自动切换到下一个红色圆点位置。在每个关键帧处，点击粉色的移动目标点，将视野范围（大喇叭口）对准 BIM 模型，确保在每个关键帧处可以显示到模型，如图 12-30 所示。

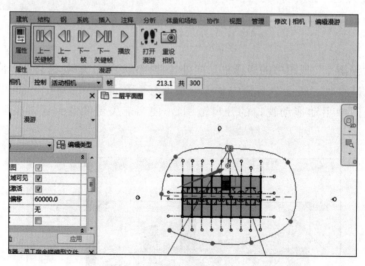

图 12-30

　　（6）点击"漫游 1"视图，使之处于激活状态，点击"编辑漫游"选项卡"漫游"面板中的"播放"工具，可以将做好的漫游动画进行播放，如图 12-31 所示。

　　（7）将漫游动画导出。点击"文件"选项卡，点击"导出"选项下"图像和动画"下的"漫游"工具，弹出"长度/格式"窗口，相关参数无需修改，点击"确定"按钮，关闭窗口，弹出"导出漫游"窗口，设定命名，点击"保存"按钮弹出"视频压缩"窗口，相关参数无需修改，点击"确定"按钮，关闭窗口，如图 12-32～图 12-34 所示。导出的漫游动画可以脱离 Revit 软件进行播放展示。格式为"avi"格式。

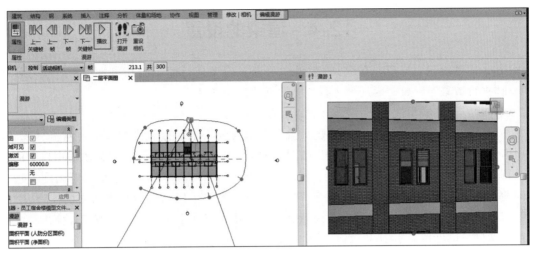

图 12-31

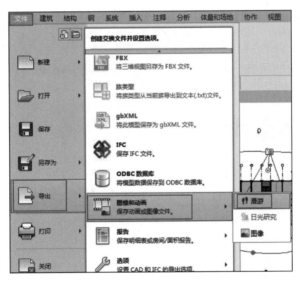

图 12-32

图 12-33

图 12-34

12.4 渲染的设置

Revit 模型绘制完毕后，在 Revit 软件中可以对模型进行简单图片渲染制作，学习使用"对整体进行渲染"以及"对局部进行渲染"创建渲染图片。

（1）制作整体模型渲染图片

1）点击"快速访问栏"中三维视图按钮，切换到三维，查看模型成果。点击"视图"选项卡"演示视图"面板中的"渲染"工具，打开"渲染"窗口，可以按需求对窗口中的功能进行修改。在"质量"下"设置"右侧的下拉框中选择"中"，注意应根据电脑配置选择不同的渲染质量，配置越高电脑可以选择越高的渲染设置，以保证得到更清晰的图片。"渲染"窗口中其他设置可以暂不修改，设置完成后点击窗口左上角"渲染"按钮，弹出"渲染进度"窗口，进度条显示 100％后，图片渲染完成，如图 12-35～图 11-38 所示。

图 12-35

图 12-36

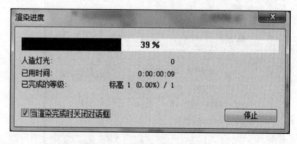

图 12-37

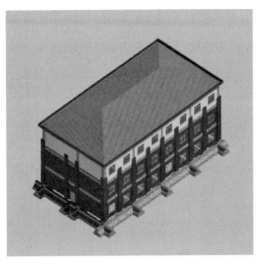

图 12-38

2）点击"渲染"窗口中的"保存到项目中"工具，弹出"保存到项目中"窗口，设置保存名称为"整体渲染图"，点击"确定"按钮，关闭窗口。同时在"项目浏览器"中新增"渲染"视图类别，含有刚保存到项目的"整体渲染图"，如图 12-39、图 12-40 所示。

图 12-39

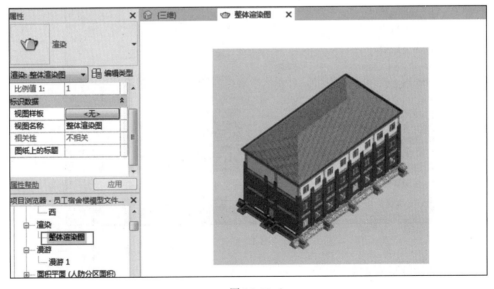

图 12-40

3）可以关闭"渲染"窗口，点击"应用程序"按钮，点击"导出"选项下"图像和动画"下的"图像"工具，将渲染的图片导出，如图12-41、图12-42所示。

图 12-41

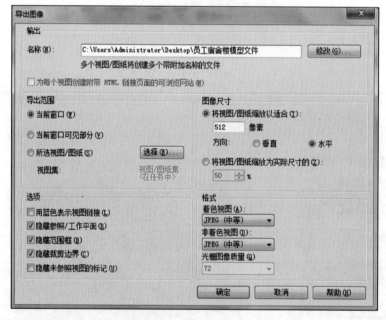

图 12-42

（2）对局部图片进行渲染

1）在三维视图状态下，点击"视图"选项卡"创建"面板中的"三维视图"下拉选项下的"相机"工具。单击空白处放置相机，鼠标向模型位置移动，形成相机视角，如图12-43、图12-44所示。

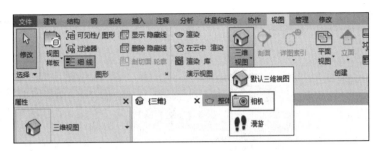

图 12-43

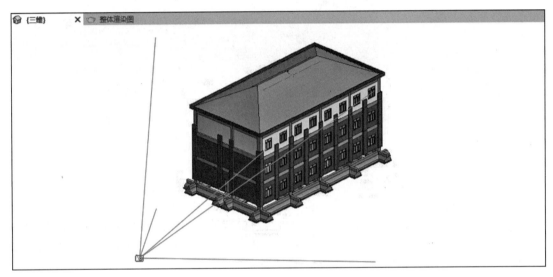

图 12-44

2）相机布置完成后，同时在"项目浏览器"中新增"三维视图"视图类别，此时含有之前相机形成的"三维视图 1"，切换"视觉样式"为"真实模式"，如图 12-45 所示。

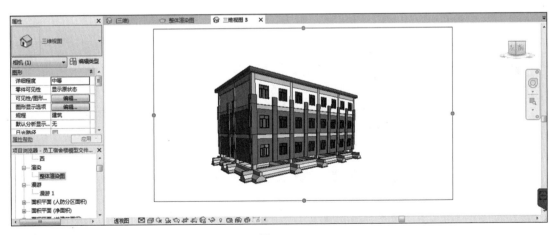

图 12-45

3）点击"视图"选项卡"图形"面板中的"渲染"工具，打开"渲染"窗口，可以对窗口中的功能按需求进行设计。渲染完成后也可以"保存到项目中"或"导出"到 Revit 软件之外，如图 12-46 所示。

图 12-46

12.5 BIM 模型文件的导出

Revit 模型绘制完毕后，在 Revit 软件中可以对模型进行多种格式的导出，点击"文件"选项卡下"导出"，可以选择"IFC"格式进行导出，IFC 格式为 BIM 软件数据交互的国际通用格式，大多数 BIM 软件均可支持 IFC 格式的交互，如图 12-47 所示。

图 12-47

在 BIM 全过程应用过程中，用到的各类 BIM 软件，支持与 Revit 文件格式交互，均可通过安装相应插件的方式，内置到 Revit 的选项卡中，进行格式的交互导出，如广联达 BIM 算量的格式交互、BIMMAKE 的格式交互等，如图 12-48、图 12-49 所示。

图 12-48

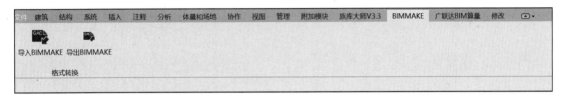

图 12-49

参考文献

［1］李华东. 高技术生态建筑. 天津：天津大学出版社，2002.

［2］张九根，丁玉林. 智能建筑工程设计. 北京：中国电力出版社，2007.

［3］李卫红. 展望未来的建筑. 山西建筑，2009，35（6）：50-51.

［4］傅温. 建筑工程常用术语详解. 北京：中国电力出版社，2014.

［5］朱溢镕. BIM算量一图一练. 北京：化学工业出版社，2018.